西安科技大学
高质量学术专著出版资助计划

智能推荐系统

Intelligent Recommendation System

白 昀 著

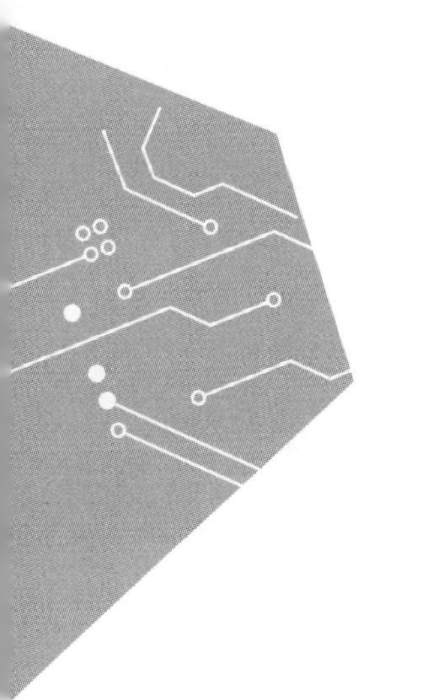

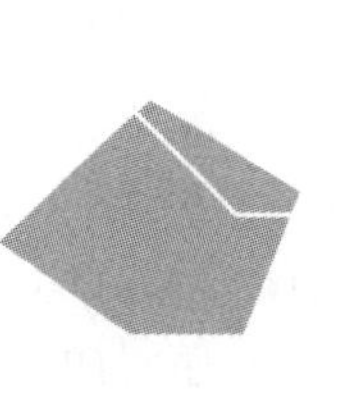
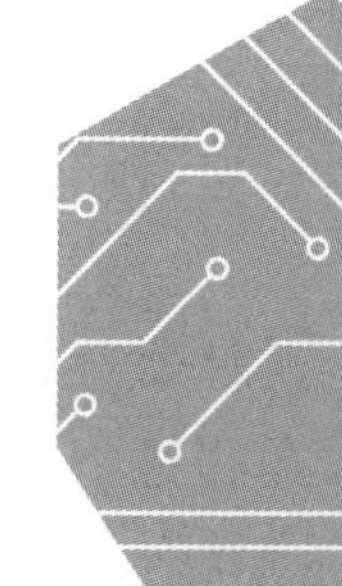

内 容 简 介

智能推荐系统正在深刻地改变着人们有效获取信息的方式，为人们的工作与生活带来了很大的便利。本书系统介绍了智能推荐系统的理论、应用及未来发展。全书共 11 章，分为智能推荐系统技术基础和智能推荐系统的应用两部分。基础部分包括第 1 章至第 6 章，涵盖了传统推荐方法和大模型在推荐系统中的应用；应用部分包括第 7 章至第 11 章，详细介绍了用户的可信度评估、基于用户兴趣的推荐、基于用户影响力的推荐以及推荐效果的平衡问题等四个热门研究方向。

本书可供人工智能、信息检索、数据分析等专业的本科生或研究生使用，也可供相关领域的专业研究人员参考使用。

图书在版编目（CIP）数据

智能推荐系统 / 白昀著. -- 西安 ：西安电子科技大学出版社，2025. 4. -- ISBN 978-7-5606-7511-4

Ⅰ. TP18

中国国家版本馆 CIP 数据核字第 2025ZX9094 号

ZHINENG TUIJIAN XITONG

策　　划　李惠萍

责任编辑　于文平

出版发行　西安电子科技大学出版社（西安市太白南路 2 号）

电　　话　(029) 88202421　88201467　　邮　　编　710071

网　　址　www. xduph. com　　电子邮箱　xdupfxb001@163. com

经　　销　新华书店

印刷单位　陕西天意印务有限责任公司

版　　次　2025 年 4 月第 1 版　　2025 年 4 月第 1 次印刷

开　　本　787 毫米×1092 毫米　1/16　　印　　张　11.5

字　　数　229 千字

定　　价　30.00 元

ISBN 978-7-5606-7511-4

XDUP 7812001-1

前　言 PREFACE

信息技术迅猛发展，我们身处一个信息爆炸的时代，如何从这些纷繁复杂的信息中筛选出对自己有价值的内容，是每个人都需要面对的问题。智能推荐系统是解决这一问题的有效手段，它正逐步渗透到我们生活的每一个角落，并以其独特的魅力，深刻地改变着人们获取信息的方式。然而，随着技术的不断发展和用户需求的日益多样化，传统的推荐系统已难以满足日益复杂的应用场景，因此，探索更加智能、更加精准的推荐技术，成为学术界和工业界共同关注的焦点。本书在此背景下应运而生，旨在为读者提供一本全面、深入介绍智能推荐系统知识体系的参考书。本书不仅涵盖了推荐系统的基本原理和经典算法，还深入探讨了当前最热门的智能推荐技术，如基于大模型的推荐、社会网络分析在推荐中的应用等，力求为读者呈现一个立体、多维的智能推荐系统。

本书不仅注重智能推荐系统知识的系统性，而且紧跟技术前沿，希望帮助读者掌握智能推荐系统的基本原理和经典算法，了解最新的研究动态和技术趋势。书中绪论部分对推荐系统应用场景、基础知识及搭建方法作了全面介绍，其余章节对协同过滤、社会网络、ChatGPT 与大模型等先进技术作了深入探讨，层层递进，逐步深入，便于读者打下扎实的理论基础且拓宽视野。

本书不仅注重理论与实践的紧密结合，通过丰富的实验数据、生动的案例分析以及详实的效果评估方法，培养读者将理论知识转化为解决实际问题的能力，而且注重语言的通俗性和条理性，力求使读者快速掌握推荐系统的核心内容。书中提供的完整算法实现、实验步骤及结果分析，有助于读者复刻实验过程，提高对研究内容的理解力和实践能力。

本书入选了西安科技大学高质量学术专著出版资助计划（XGZ2024038），感谢学校的大力支持。编写本书的过程中笔者得到了许多同行和专家的支持和帮助，在此要特别感谢于振华老师、金浩老师和马天老师对本书应用部分内容的把控和建议，同时也非常感谢广大读者的关注和支持。

智能推荐系统是一个快速发展的领域，本书尽可能做到涵盖当前的主要研究成果和技术趋势，但难免存在不足之处。因此，读者在阅读本书的同时，还应积极关注相关的学术论文、技术博客和开源项目，以获取更多最新的知识和资源。

最后，衷心希望本书能够成为读者了解和研究智能推荐系统的良师益友，为读者的学术研究和实践工作提供有益的参考和启示。让我们共同期待智能推荐系统未来能够给我们的生活带来更多的便利和惊喜！

白　昀
2024 年 8 月

目　录 CONTENTS

第1章 绪论

1.1 推荐系统的应用场景

在当今互联网服务的复杂系统中，推荐系统已成为不可或缺的关键组成部分，特别是在那些汇聚了“海量消费物品”的平台上，其作用尤为显著。推荐系统的应用领域几乎覆盖了所有面向消费者(to C)的互联网服务场景，推荐算法可以实现用户需求与多元化商品的精准匹配，极大地丰富了用户的体验，并推动相关产业蓬勃发展。

推荐系统的主要应用场景如下。

(1) 电商领域：在淘宝、京东、亚马逊等电商平台上，推荐系统不仅可根据用户的购买历史和浏览行为，精准推送个性化商品，还可通过“猜你喜欢”“热门推荐”等板块激发用户的潜在购物需求，促进交易达成。

(2) 视频娱乐：不论是哔哩哔哩、爱奇艺等专业视频平台，还是抖音、快手等短视频社区，推荐系统都能根据用户的观看偏好、互动行为及实时热点，动态生成个性化视频流，让用户享受量身定制的娱乐体验。

(3) 音乐享受：网易云音乐、酷狗音乐、QQ音乐等音乐平台，通过推荐系统发现用户的音乐口味，无论是热门新歌还是小众佳作都能精准推送，以满足用户个性化的音乐需求。

(4) 资讯获取：微信公众号、今日头条、网易新闻等资讯平台，利用推荐算法将用户感兴趣的新闻、文章推至首页，帮助用户在海量信息中快速定位有价值的内容，提升阅读效率与满意度。

(5) 生活服务：美团、携程、脉脉等生活服务类应用，通过推荐系统为用户提供个性化的餐饮、旅行、职场等信息，从日常餐饮选择到远途旅行规划再到职场人脉拓展，全方位提升用户的生活品质与工作效率。

(6) 社交网络：在微博、微信等社交平台上，推荐系统不仅可用于推送个性化资讯，还能基于用户的社交图谱推荐可能感兴趣的新朋友或群组，促进社交网络的扩展与深化。

(7) 广告精准投放：推荐系统在广告领域的应用同样广泛。通过大数据分析与机器学习算法，推荐系统实现了广告的个性化展示。无论是基于用户当前浏览内容的上下文广告，还是基于历史搜索行为的搜索广告，或是基于用户兴趣模型的展示广告，都能极大地提高广告的投放效率与转化率。例如，谷歌的 AdSense 系统和各大门户网站上的个性化展示广告，均是推荐系统在该领域的成功应用。

（8）金融产品营销：在金融产品领域，推荐系统（智能投顾系统）同样发挥着不可替代的作用。面对众多复杂的金融产品，如公募基金、理财产品等，普通用户往往难以做出明智的选择。通过智能推荐系统，平台能够基于用户的财务状况、风险偏好、投资目标等信息，为用户量身定制投资方案，帮助用户实现财富的稳健增长。

随着科学技术的持续进步与生活方式的深刻变革，推荐系统的应用场景也在不断拓宽。例如，在无人驾驶汽车领域，推荐系统能够根据乘客的喜好和行程情况，推荐沿途的餐饮、景点或娱乐活动；在 VR 设备上，推荐系统则能结合虚拟环境，为用户推荐沉浸式的内容体验；此外，线上线下融合推荐、跨品类的商品与服务推荐等新兴模式，正逐步成为推荐系统探索的新方向，进一步拓展了其应用边界与价值空间。

1.2 推荐系统的基础知识

1.2.1 什么是推荐系统

作为计算机软件工程与人工智能深度交融的产物，推荐系统的核心在于运用大数据分析与机器学习技术，智能地解析并预测用户的兴趣偏好。这一过程不仅包括传统意义上的商品推荐，而且涵盖了电影、短视频、书籍、音乐、美食、新闻、旅游景点、金融产品及人际网络等多个领域，统称为“物品”的个性化推送。推荐系统通过精准匹配用户需求与海量资源，实现信息的高效过滤与资源的优化配置，进而促进用户消费，节省用户的时间成本，提升用户的整体体验，并最终为服务提供商与物品供应方创造显著的商业价值。

具体而言，推荐系统具备以下几大特性。

（1）自动化解决方案：作为软件工程的一部分，推荐系统通过编写代码实现推荐逻辑的自动化执行，无需人工干预即可完成个性化推荐的整个过程。

（2）机器学习驱动：推荐系统深度依赖机器学习算法，通过不断学习用户的历史行为数据，构建复杂的数学模型，以预测用户未来的兴趣走向，实现精准的个性化推荐。

（3）交互式产品功能：推荐系统嵌入各类产品中，作为产品功能的一部分与用户进行交互。它要求设计者充分考虑用户体验，包括推荐内容的呈现方式、用户交互的流畅性以及处理潜在问题的策略。

（4）人机协同服务：推荐系统不仅是技术的展现，也是人与机器协同工作的典范。在推荐系统提供服务的过程中，除了技术的自动化运作，还需要人工介入进行服务宣传、问题解答等，确保服务质量的持续优化。

(5) 信息过滤与资源匹配：面对海量的信息资源，推荐系统利用高效的算法进行筛选与过滤，确保用户能在最短的时间内接触到最符合其兴趣的内容，实现信息与需求的精准对接。

(6) 商业价值导向：推荐系统的最终目标是提升用户体验，同时推荐系统也是实现商业价值的重要手段。它通过优化推荐策略，促进用户消费，为服务提供商和物品供应方带来可观的商业回报。

综上所述，推荐系统是一个集软件工程、机器学习、产品设计、运营管理及大数据分析于一体的综合性系统，它以独特的自动化、智能化、个性化特点，在提升用户体验与创造商业价值方面展现出巨大的潜力与价值。

1.2.2 使用推荐系统的目的

作为互联网尤其是移动互联网时代蓬勃发展的产物，推荐系统的核心使命在于从海量信息中精准捕获用户所感兴趣的内容。这一目标的实现，基于对用户多维度信息(如地域、年龄、性别等)、物品属性(名称、价格、产地等)以及用户行为轨迹(浏览、购买、点击、播放等)的深度融合分析。通过运用先进的机器学习技术，推荐系统能够构建出高度个性化的用户兴趣模型，并借助软件工程的精湛技艺，将这些复杂的算法逻辑转化为实际可用的软件服务，为用户带来前所未有的个性化推荐体验。

推荐系统的广泛应用，深刻体现了它对物品提供方、平台运营者及终端用户三方需求的精准把握与高效满足。以淘宝购物为例，数以万计的网店作为物品提供方，期望通过有效渠道找到潜在的消费者；淘宝平台则作为中介，致力于优化用户体验，增强用户黏性；而广大用户则希望在琳琅满目的商品中迅速找到符合自身需求与喜好的商品。推荐系统正是这一复杂环节中的关键纽带，它通过智能匹配将合适的商品精准推荐给有需求的用户，极大地提升了用户与商品之间的匹配率与成功率。

从更深层次来看，推荐系统的根本目的在于解决资源配置的优化问题。在数字化时代，信息与资源过剩已成为常态，如何高效、精准地将资源分配给真正需要的用户是亟待解决的难题。而推荐系统正是通过软件技术、算法逻辑与工程实践的有机结合，搭建起一座连接供给端(物品提供方)与需求端(用户)的桥梁，实现了资源的优化配置与高效利用，其最终目标是不断提升资源配置的效率与效果，从而促进整个社会经济的繁荣与发展。

1.2.3 推荐系统的价值

在当今的互联网系统中，推荐系统已成为各大公司竞相采用的核心技术，其核心价值在于满足物品提供方、平台运营者及终端用户三方的需求，具体体现在以下 4 个层面。

1. 用户层面

对于用户而言，推荐系统犹如一位智能向导，能够在海量信息中迅速筛选出用户可能感兴趣的内容，极大地缩短了信息搜寻的时间成本，从而提升用户的使用体验感与满意度。它让用户在享受个性化内容推送的同时，也感受到了科技带来的便捷与高效。

2. 平台层面

从平台运营的角度来看，推荐系统通过精准匹配用户需求与平台资源，有效增强了用户对平台的依赖感与忠诚度。这种高度个性化的服务体验不仅提升了平台的用户黏性，还为平台提供了宝贵的用户行为数据，助力平台通过精准广告投放等策略实现盈利，进一步巩固了平台在市场中的竞争地位。

3. 物品提供方层面

对于物品提供方而言，推荐系统无疑是一个强大的销售助力。当平台能够精准地将物品推荐给对其感兴趣的用户群体时，物品的曝光率与销售转化率将显著提升，直接带动销售业绩增长与收益增加。此外，推荐系统还加快了物品的流通速度，减少了库存积压，优化了供应链条，为社会资源的合理配置与高效利用贡献了力量。

4. 社会层面

在这个信息爆炸的时代，推荐系统作为信息筛选的有效工具，有效地过滤掉了大量冗余与无关的信息，为用户提供了更加精准、有价值的内容推荐。这种信息过滤与筛选机制不仅满足了用户个性化、不确定性的需求，还极大地提升了整个社会的信息匹配效率与资源利用水平。随着互联网的持续与深入发展，推荐系统的社会价值与经济价值将得到更加充分的体现与释放。

1.3 如何搭建一个推荐系统

在构建一个推荐系统以增强网站或APP用户体验并促进商业目标实现的过程中，需遵循一系列精心设计的步骤，以确保系统能够有效服务于业务需求和用户期望。以下是构建推荐系统的步骤。

1. 明确业务目标

明确推荐系统应达成的具体业务目标是至关重要的一步。这些目标应当设定得既清晰又可量化，同时必须与平台的核心商业目标及成功指标紧密关联。例如，目标可以设定为“通过引入推荐系统，在未来三个月内提高产品销售量或点击率”。明确的目标将为后续工作提供方向和指导。

2. 收集用户行为数据

基于业务目标，接下来需要全面收集与业务主体紧密相关的用户行为数据。这些数据包括用户的浏览历史、搜索查询、购买记录、互动行为(如点赞、评论、分享)以及用户的基本属性(如年龄、性别、地理位置等)。通过数据分析和挖掘技术，提取出对用户行为模式有价值的数据。

3. 构建推荐模型

利用收集到的用户行为数据，构建推荐模型是核心环节。推荐模型本质上是一个预测模型，它根据用户的历史行为和偏好，预测用户可能对哪些产品或内容感兴趣。模型的构建过程涉及选择合适的算法(如协同过滤、基于内容的推荐、深度学习等)，设计合理的特征工程，以及进行模型的训练和调优。最终，模型的输入为用户 ID，输出为个性化的推荐列表。

4. 评估与验证模型

推荐模型构建完成后，必须对其进行全面的评估与验证(通常在历史数据集上进行测试)，以评估模型预测用户行为的准确性和有效性。评估指标可能包括点击率、转化率、推荐列表的多样性和新颖性等。同时，将模型的推荐效果与现有的推荐策略(如热门产品推荐)进行对比，以验证新模型的优越性。如果评估结果显示模型性能不佳，则需要返回模型构建阶段进行迭代优化。

5. 部署与监控

推荐模型一旦通过评估验证，即可考虑在平台上进行部署。初期可以选择小范围试点，将推荐系统上线给部分用户，以观察其对产品销量、用户点击率等关键业务指标的影响。通过实时监控系统性能和用户反馈，及时调整推荐策略和优化模型参数。如果监控数据显示推荐系统能够显著提升产品销量或用户活跃度，则可以逐步扩大部署范围，直至全面覆盖平台用户。在此过程中，持续的监控和优化是确保推荐系统长期有效运行的关键。

1.4 本书关于智能推荐系统的研究内容

第 1 章为绪论，主要介绍了推荐系统的应用场景，包括电商平台、社交媒体、在线视频等多个领域，强调了推荐系统在现代社会中的重要性。随后，介绍了推荐系统的基本概念、使用目的及价值，为后续章节奠定理论基础。同时，简要描述了如何搭建一个推荐系统，并概述了关于智能推荐系统的研究内容，可为读者提供一个整体的阅读框架。

第 2 章深入探讨了协同过滤这一推荐系统的核心技术。首先，介绍了协同过滤的基本概念，随后详细分析了基于近邻的协同过滤算法，包括基于用户和基于物品的协同过滤方法，并对两者进行了比较。其次，介绍了基于模型的协同过滤方法，展示了协同过滤技术的多样性和灵活性。最后，探讨了高级进阶技术，如基于图的方法和基于学习的方法，为推荐系统的进一步优化提供一种新思路。

第 3 章介绍了社会网络数据在推荐系统中的应用。首先，介绍了社会网络的基本概念、理论基础及统计特性，为后续研究奠定基础。其次，深入探讨了信任的相关知识，包括信任的概念、组成及特性，强调信任在推荐系统中的作用。再次，介绍了获取社会网络数据的多种途径，并详细分析了基于社交网络的推荐算法，包括基于领域、图的社会化推荐算法和实际系统中的社会化推荐算法。最后，探讨了给用户推荐好友的方法，展示了社会网络数据在推荐系统中的广泛应用。

第 4 章聚焦人工智能技术在推荐系统中应用的最新进展，特别是 ChatGPT 和大模型。首先，介绍了语言模型的发展史及大模型的核心技术，随后，详细分析了大模型在推荐系统中的应用方法及其优势、挑战及未来发展趋势。本章内容不仅展示了人工智能技术对推荐系统的深刻影响，也为推荐系统的智能化升级提供了新方向。

第 5 章系统地介绍了推荐系统效果评估的基本概念、实验设置及关键属性。首先，明确了评估指标的重要性。随后，详细描述了离线实验、用户调查及在线实验等实验设置方法。接着，全面分析了推荐系统的多个属性，如用户偏好、预测精度、覆盖率、新颖性等，为评估推荐系统性能提供了全面的视角。本章内容对于指导推荐系统的优化和改进具有重要意义。

第 6 章深入探讨了推荐系统中的召回算法与排序算法，先概述了召回算法的基本概念，并详细介绍了基于关联规则、聚类和朴素贝叶斯等常用召回算法的原理；随后对排序算法进行了概述，并重点阐述了 Logistic 回归排序算法和基于因子分解机的排序算法。

第 7 章研究了用户可信度评估对推荐系统的影响，介绍了基于因子图模型的用户可信度评估方法，首先分析了用户可信度评估的重要性，随后介绍了相关理论基础和研究现状，接着详细描述了基于因子图模型的用户可信度评估方法，包括模型框架、学习、推理及实验分析等内容。本章内容对于提高推荐系统的准确性和可靠性具有重要意义。

第 8 章聚焦于基于用户兴趣的推荐方法，提出了基于显性信任关系和隐性信任关系的推荐算法，并构建了基于用户兴趣的可信圈推荐模型。本章先介绍了相关理论基础和研究现状，随后详细描述了推荐算法和模型的构建过程，并通过实验验证了其有效性。本章内容对于提升推荐系统的个性化和精准度具有重要意义。

第 9 章研究了用户影响力在推荐系统中的应用，提出了领域影响力和全局影响力的量化建模方法，并构建了基于用户影响力的推荐模型。首先，分析了用户影响力的研究现状和存在的问题。其次，详细描述了领域影响力和全局影响力的量化建模过程，并基于这些模型构建了推荐系统。最后，通过实验验证了推荐模型的有效性。本章内容对于挖掘用户潜在价值、提升推荐效果具有重要意义。

第 10 章探讨了推荐效果平衡问题的提出背景、相关研究及解决方案，首先分析了推荐系统中存在的多种效果之间的冲突和矛盾，随后介绍了基于口碑和基于信任网络物质扩散的平衡方法，并详细描述了其实现过程。本章内容对于解决推荐系统中的效果平衡问题和提升用户体验具有重要意义。

第 11 章聚焦推荐系统的未来发展，探讨了政策与技术如何双轮驱动行业变革，强调技术革新对行业发展的核心推动作用，分析了推荐系统职业生态的转型趋势，以及在新兴领域与场景下的推荐形态创新，同时深入阐述了推荐系统在家庭生活、驾车途中、虚拟世界和传统行业数智化转型中的应用场景。此外，还讨论了推荐算法的新理论框架、技术前沿及工程层面的未来展望，并探讨了人与推荐系统的有效协同，以及推荐系统多维价值体系的重构与深化。

第2章 基于协同过滤的推荐

2.1 协同过滤的基本概念

基于协同过滤的推荐算法是利用集体智慧编程思想中最有代表性的应用。该算法假设：项目品味相似的用户具有相似的喜好，可以通过寻找与目标用户兴趣相似的用户，将相似用户感兴趣的内容推荐给目标用户。协同过滤可分为基于领域的方法(也称基于记忆或基于启发式)和基于模型的方法。

基于领域的方法采用“用户-项目”评分数据，为目标用户估计对某一特定项目的评分或产生一个推荐列表。基于模型的方法采用统计、机器学习和数据挖掘等方法，根据目标用户的历史数据(评分、购买、浏览、点击等)构造用户模型，并根据建好的偏好模型进行推荐。

2.2 基于近邻的协同过滤算法

基于近邻的算法是推荐系统最基本的算法，不仅理论根基深厚，而且在实际应用中展现出了强大的生命力。这类算法主要分为两类：基于用户的协同过滤(User-based Collaborative Filtering，UserCF)与基于物品的协同过滤(Item-based Collaborative Filtering，ItemCF)。

2.2.1 基于用户的协同过滤

基于用户的协调过滤作为推荐系统发展历程中的先驱，自1992年首次应用于邮件过滤系统以来，便逐步在新闻、电商等多个领域大放异彩，直至2000年前夕，它始终是业界瞩目的焦点。该算法的核心思想在于模拟现实生活中的推荐场景，通过寻找与目标用户兴趣相近的用户群体来预测并推荐可能令目标用户感兴趣的物品。基于用户的协同过滤的示意图如图2-1所示。

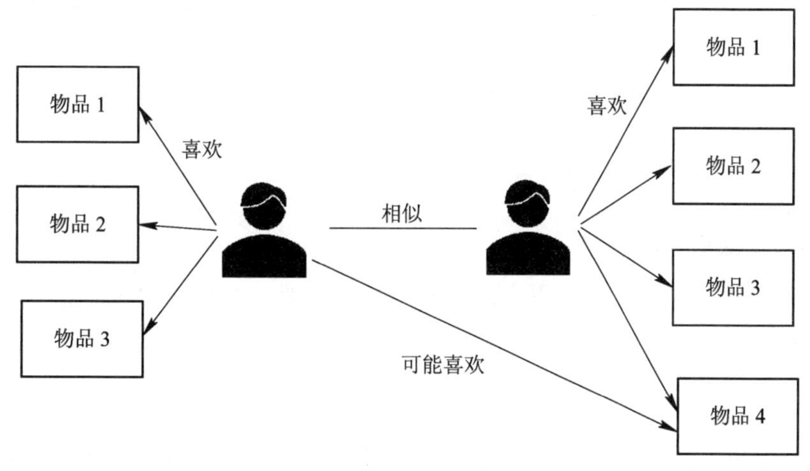

图 2-1　基于用户的协同过滤示意图

其工作流程分为 5 个步骤。

(1) 输入用户偏好信息。

常见的用户偏好信息有两种：显式评分和隐式评分。显式评分指用户对项目的直接评分；隐式评分是通过跟踪用户寻找和使用项目资源的过程，分析用户行为，代替用户完成对项目的评分。用户的常见行为有评分、投票、标签、点击率、页面停留时间等。显式评分需要用户主动参与，用户给出的显式评分数量往往要比浏览数量少，容易出现用户偏好信息不充足的问题。隐式评分不需用户直接评分，可缓解用户评分数据的稀疏性问题，但隐式评分获取难度大，且隐式评分仅是系统对用户行为的猜测，不能确定这些猜测能否正确反映用户偏好。

用户集合表示为 $U=\{u_1, u_2, \cdots, u_m\}$，项目集合为 $I=\{i_1, i_2, \cdots, i_n\}$，用户偏好信息通常表示为“用户-项目”评分矩阵 $\boldsymbol{R}_{mn}$，该矩阵记录 m 个用户对 n 个项目的评分值，元素 r_{ij} 是用户 i 对项目 j 的评分，分值一般为 1～5，表示用户对项目的偏好程度由低到高。如果用户 i 没有对项目 j 评分，则 $r_{ij}=0$。

(2) 计算相似性。

协同过滤推荐算法的关键是挖掘用户之间或项目之间的相关性，需采用一种合理的方式对相似性进行度量，相似性度量方法的合理性决定协同过滤推荐结果的精确度和准确度的高低。目前经常使用的相似度算法通常有余弦相似度、修正余弦相似度[1]、Pearson 相关系数[2]、欧几里德相似度、Jaccard 相似度等。不同的推荐系统会根据各自业务的实际情况，采用不同的相似性度量方法。项目之间相似度的计算方法与用户的计算方法相同，下面以用户相似度为例进行介绍。

① 余弦相似度：将用户的评分看作 $1\times n$ 维向量，通过用户评分向量间的夹角余弦来

表示用户间的相似度。其取值区间为[－1，1]，夹角越小，余弦值越大，则相似度越高。计算公式为

$$\mathrm{sim}(u, v) = \cos(\boldsymbol{u}, \boldsymbol{v}) = (\boldsymbol{u}, \boldsymbol{v})(\|\boldsymbol{u}\| \|\boldsymbol{v}\|)^{-1} \tag{2-1}$$

式中：

$\mathrm{sim}(\boldsymbol{u}, \boldsymbol{v})$——用户 u 与用户 v 之间的相似度；

$\boldsymbol{u}$——用户 u 的评分向量；

$\boldsymbol{v}$——用户 v 的评分向量。

② 修正余弦相似度：考虑了用户评价尺度的差异性，利用均值来抵消评价尺度的问题。其取值范围为[－1，1]。

$$\mathrm{sim}(u, v) = \left[\sum_{i \in I_{uv}} (r_{ui} - \bar{r}_u)(r_{vi} - \bar{r}_v)\right]\left[\sqrt{\sum_{i \in I_u} (r_{ui} - \bar{r}_u)^2}\sqrt{\sum_{i \in I_v} (r_{vi} - \bar{r}_v)^2}\right]^{-1} \tag{2-2}$$

③ Pearson 相关系数：表示两个用户评分向量之间的线性相关程度。其取值区间为[－1，1]，负值表示负相关，0 表示不相关，正值表示正相关，值越大越相似。

$$\mathrm{sim}(u, v) = \left[\sum_{i \in I_{uv}} (r_{ui} - \bar{r}_u)(r_{vi} - \bar{r}_v)\right]\left[\sqrt{\sum_{i \in I_{uv}} (r_{ui} - \bar{r}_u)^2}\sqrt{\sum_{i \in I_{uv}} (r_{vi} - \bar{r}_v)^2}\right]^{-1} \tag{2-3}$$

④ 欧几里德相似度：通过用户的评分向量间的距离来表示用户间的相似度。距离越小越相似，其取值范围为(0，1]。

$$\mathrm{sim}(u, v) = \left[1 + \sqrt{\sum_{i \in I_{uv}} (r_{ui} - r_{vi})^2}\right]^{-1} \tag{2-4}$$

⑤ Jaccard 相似度：Jaccard 相似度公式为

$$\mathrm{sim}(u, v) = |I_u \cap I_v| (|I_u \cup I_v|)^{-1} \tag{2-5}$$

式(2-1)至式(2-5)中：

r_{ui}——用户 u 对项目 i 的评分；

r_{vi}——用户 v 对项目 i 的评分；

$\bar{r}_u$——用户 u 的平均评分；

$\bar{r}_v$——用户 v 的平均评分；

I_u——用户 u 评过分的项目；

I_v——用户 v 评过分的项目；

I_{uv}——用户 u 和用户 v 共同评分的项目集。

(3) 最近邻选择策略。

在明确相似性计算方法之后，基于协同过滤的推荐系统便可以根据相应算法计算出目标向量与所有其他向量的相似度，并得出一个用户向量或者项目向量的最近邻。常用的最近邻的选择方式一般有两种：K-近邻法[3]、阈值法[2]。

① K-近邻法(K-Neighborhoods)：根据所有向量与目标向量的相似度从大到小排序，

取前 K 个最靠近目标的向量作为 K-近邻向量集合。图 2-2 所示为 K-近邻法示意图，圆代表向量，1 号为目标向量，向量间的相似度通过间距表示，距离越近相似度越高，距离越远则相似度越低。图 2-2 中 K 的值设定为 4，表示取前 4 个最靠近目标(1 号)的向量为近邻向量集合，即 4 号、6 号、7 号和 8 号；其中，6 号与目标(1 号)向量的相似度与 4 号、7 号和 8 号相比低很多，这说明由 K-近邻法得到的向量集合中可能会包含一些与目标向量相似度较低的向量，以满足 K 个邻居的条件，这将会影响系统的推荐精度。

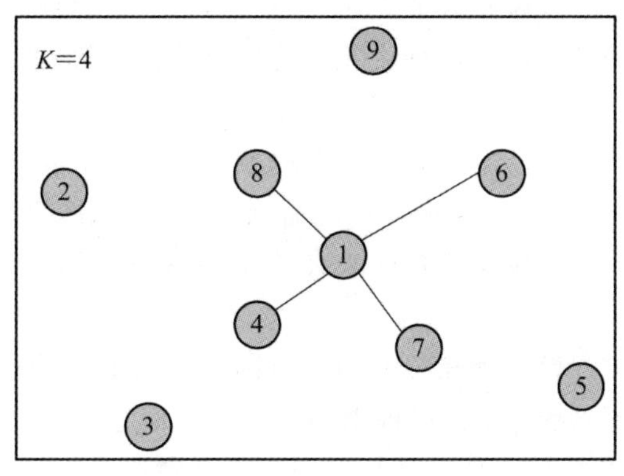

图 2-2 K-邻近法示意图

② 阈值法(Threshold-based Neighborhoods)：通过对相似度设定阈值进行近邻选取，不限制邻居的数目。当一个向量与目标向量的相似度高于预设阈值时，则选入最近邻集合。图 2-3 所示为阈值法示意图。

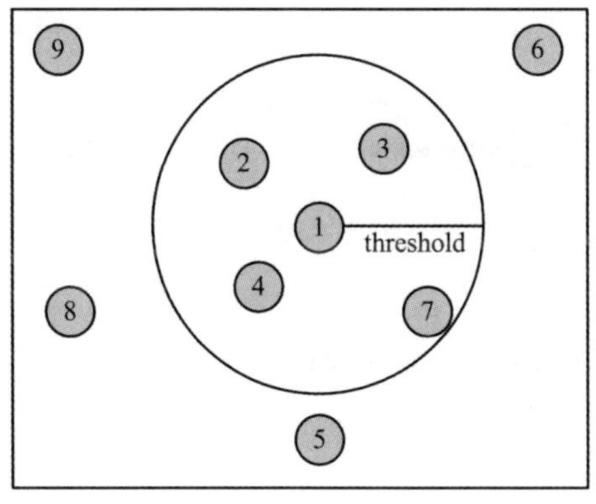

图 2-3 阈值法示意图

从图 2-3 可以看出，阈值法会将相似度在阈值范围之内的向量都纳入最近邻集合中。这种做法可以通过对相似度阈值的控制来保证最近邻集合中不会像 K-近邻法一样出现与目标向量差异过大的向量，却难以控制最近邻集合中所包含向量的数量。

以上两种方法各有利弊，需要根据不同的环境以及不同的数据集来选用适当的最近邻选择策略。在现实的推荐系统中，往往将两种方法结合应用。通常先采用阈值法进行近邻初选，当近邻数量超过固定数量 K 时，再采用 K-邻近法选取相似度最大的前 K 个用户。

（4）预测评分。

当协同过滤推荐系统要为某一个目标用户推荐项目时，系统首先计算该用户对未评分项目的预测分值，然后根据预测分值来为用户进行推荐。根据预测方式的不同，协同过滤算法可以分为基于用户和基于项目两种主要的协同过滤推荐算法(具体计算方法见后文)。

（5）输出推荐结果。

根据不同的推荐目的，可以给出不同形式的推荐结果，主要为有序项目推荐列表和预测评分。若推荐结果为预测评分，则推荐系统需预测出目标用户对目标项目的可能评分值。若推荐结果为有序项目列表，则其经典算法有 Top-N 推荐列表，为目标用户推荐 N 个最可能喜好的项目。

基于用户的推荐算法假设兴趣相似的用户对同一项目的评价也相似，即兴趣相似的用户很可能对相同的项目感兴趣。该算法根据用户的偏好信息(如浏览记录、购买历史或用户行为)计算用户相似度，并根据相似度从相似用户集合中选择相似近邻，然后根据相似近邻对项目的评分预测目标用户对未评分项目的评分，选择预测评分最高的 N 个项目推荐给用户。常用的预测评分方法有 3 种：第 1 种，将近邻用户对目标项目的评分均值作为预测评分；第 2 种，采用近邻用户评分的加权平均值作为预测评分，考虑目标用户 u 与其他用户 v 的相似性，用户 u 与用户 v 相似性越高，则用户 v 对项目 i 的评分 r_{vi} 获得的权重越大；第 3 种，考虑不同用户的评分尺度差异，具体计算公式如下：

$$\tilde{r}_{ui} = |N|^{-1} \sum_{v \in N} r_{vi} \tag{2-6}$$

$$\tilde{r}_{ui} = \Big[\sum_{v \in N} \mathrm{sim}(u, v) \times r_{vi}\Big]\Big[\sum_{v \in N} |\mathrm{sim}(u, v)|\Big]^{-1} \tag{2-7}$$

$$\tilde{r}_{ui} = \bar{r}_u + \Big[\sum_{v \in N} \mathrm{sim}(u, v) \times (r_{vi} - \bar{r}_v)\Big]\Big[\sum_{v \in N} |\mathrm{sim}(u, v)|\Big]^{-1} \tag{2-8}$$

式中：

$\tilde{r}_{ui}$——目标用户 u 对项目 i 的预测评分；

N—— 目标用户的相似近邻集合；

$|N|$——近邻个数；

r_{vi}——近邻用户 v 对项目 i 的评分；

$\mathrm{sim}(u, v)$ ——用户 u 与用户 v 之间的相似度；

$\bar{r}_u$——用户 u 的平均打分水平。

式(2-8)中，用用户 v 对项目 i 的评分 r_{vi} 减去其平均评分 $\bar{r}_v$，以消除用户因自身评分偏好问题导致的偏差问题。

基于用户的推荐方法并不依赖资源内容本身，只需提供用户对项目的历史评分，然后依据历史评分进行推荐。该方法对非结构化或半结构化的复杂对象具有较好的推荐效果，如电影、音乐、视频、图像等。但该方法也有明显的缺陷。首先，用户数与项目数通常十分庞大，用户的评分矩阵十分稀疏，数据的稀疏性可能导致推荐的结果不准确。其次，该方法偏向推荐热点项目，对于新颖或多样化的产品推荐效果不佳。再次，当系统规模不断扩大时，基于用户的推荐方法的计算量不断增加，因而时间复杂度高，可扩展性较差。最后，无法抵挡通过插入虚假评分的方式对系统进行的攻击。

2.2.2 基于物品的协同过滤

在推荐系统的实际应用中，网站的用户数量在不断增长，而商品作为被推荐的对象，其数量则保持相对稳定，计算出的商品相似度矩阵更新频率低，可在较长的一段时间内使用。另外，基于用户的协同过滤(UserCF)存在用户规模扩展性问题和推荐解释性不足的情况。因此，基于物品的协同过滤(ItemCF)因其高效性和直观性而成为众多知名平台(如亚马逊、Netflix、YouTube等)的首选方法。

ItemCF方法假设：与用户感兴趣的项目所类似的项目，用户也会对它感兴趣。该方法首先依据用户对项目的偏好信息(如评分)，计算各项目间的相似度，再从目标用户的已评分项目集中选择相似近邻，根据目标用户对近邻项目的评分预测目标用户对特定项目的评分，然后选择预测评分最高的 N 个项目推荐给用户。与UserCF不同，ItemCF不依赖物品的内容属性，而是基于用户行为的共现性来度量物品间的相似度。图2-4所示为基于物品的协同过滤示意图。图中用户A、B、C分别喜欢音乐a，b，b，如实心箭头所示。当系统识别出用户A对音乐a有正面评价时，它会寻找与音乐a相似的其他音乐。通过比较音乐a、b、c的元数据信息(如类型、歌手、作曲家等)，系统发现音乐a与音乐c(同一个歌手演唱)具有高度相似性。基于这种相似性，系统推断用户A可能也会喜欢音乐c(图2-4中用虚线箭头表示)，并据此向用户A推荐音乐c。

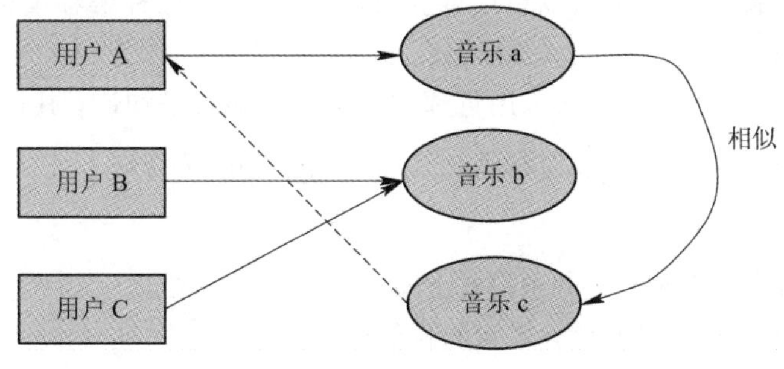

图2-4 基于物品的协同过滤示意图

ItemCF 算法的步骤如下。

（1）物品相似度计算。

假设物品 A 和物品 B 具有很大的相似度是因为喜欢物品 A 的用户大都也喜欢物品 B。具体计算时，可以采用多种相似度度量方法，如余弦相似度、皮尔逊相关系数等。然而，在实际应用中，为了避免热门物品对相似度计算的过度影响，常采用调整后的余弦相似度公式：

$$w_{ij} = \frac{|N(i) \cap N(j)|}{\sqrt{|N(i)||N(j)|}} \tag{2-9}$$

式中：

$|N(i)|$——喜欢物品 i 的用户集合；

$|N(j)|$——喜欢物品 j 的用户集合；

$|N(i) \cap N(j)|$——同时喜欢物品 i 和 j 的用户数。

通过式(2-9)，可以得到一个相对公平的物品相似度矩阵，其中热门物品的相似度被适当削弱。

得到物品之间的相似度后，即可计算用户 u 对物品 j 的感兴趣程度：

$$p_{uj} = \sum_{i \in N(u) \cap S(j, K)} w_{ji} r_{ui} \tag{2-10}$$

式中：

$N(u)$——用户 u 喜欢的物品的集合；

$S(j, K)$——物品 j 最相似的 K 个物品的集合；

w_{ji}——物品 j 和 i 的相似度；

r_{ui}——用户 u 对物品 i 的兴趣。

（2）根据用户的历史行为和物品相似度矩阵，为用户生成推荐列表。

对于用户已经表示过喜好的物品集合，算法会寻找与该集合中物品相似度较高的其他物品，并按照相似度排序，形成推荐列表。此外，ItemCF 算法还能提供直观的推荐解释，如“因为您喜欢《射雕英雄传》，所以给您推荐《天龙八部》”，这种解释增强了用户对推荐结果的信任度和接受度。

另外，在预测项目评分时一般采用近邻评分数据的加权平均值，其计算公式如下：

$$\tilde{r}_{ui} = \left[\sum_{j \in N} \text{sim}(i, j) \times r_{uj}\right]\left[\sum_{j \in N} |\text{sim}(i, j)|\right]^{-1} \tag{2-11}$$

式中：

$\tilde{r}_{ui}$——目标用户 u 对项目 i 的预测评分；

$\text{sim}(i, j)$——项目 i 与项目 j 之间的相似度；

r_{uj}——用户 u 对项目 j 的评分；

N ——项目 i 的近邻集。

项目间的相似性相对较稳定，可离线完成计算，减少在线计算时间，提高推荐的实时性。项目评分矩阵较为稀疏时，基于物品的协同过滤推荐准确度比基于用户的协同过滤要高。但基于物品的协同过滤没有考虑用户间的差别，推荐精确度较差。基于物品的协同过滤是在用户感兴趣的项目上进行推荐，不利于推荐的多样性和新颖性。

2.2.3 UserCF 和 ItemCF 比较

下面根据新闻网站 Digg 采用 UserCF 算法而亚马逊网站选择 ItemCF 算法的现象，从推荐系统的核心原理、用户行为特性、技术实现难度以及网站特性等多个维度分析 UserCF 和 ItemCF 的区别。

1. 推荐原理与用户行为

UserCF 与 ItemCF 各有千秋，其根本差异在于推荐策略的不同。UserCF 侧重于寻找与目标用户兴趣相似的用户群体，推荐该群体中的热门物品，这种策略能够捕捉社会热点，促进内容的广泛传播。相比之下，ItemCF 则更专注于挖掘与用户历史喜好相似的物品，基于用户兴趣推荐相似物品。

在新闻网站如 Digg 中，用户兴趣相对广泛且追求时效性，热门新闻是吸引用户的关键。UserCF 能够迅速响应社会热点，为用户推荐与其兴趣相似的人群所共同关注的新闻，既保证了时效性又兼顾了个性化需求。而在图书、电子商务和电影领域，如亚马逊，用户的兴趣更为具体且持久，更倾向于发现与个人研究领域或兴趣点紧密相关的物品，此时 ItemCF 的个性化推荐能力便显得尤为重要。

2. 技术实现与网站特性

从技术层面看，新闻的快速更新特性使得 ItemCF 的物品相似度矩阵难以维持实时性，而 UserCF 则仅需维护用户相似度矩阵，对新闻网站的快速响应更为有利。此外，新闻网站的用户基数远大于物品（新闻）的数量，使 UserCF 在存储和计算上更为高效。

相反，在亚马逊等电商平台上，物品数量虽多但相对稳定，且用户兴趣的变化相对缓慢，这使得 ItemCF 能够发挥其优势，通过稳定的物品相似度矩阵为用户提供精准的个性化推荐。同时，这类平台对推荐解释的需求也更高，ItemCF 的“因为您之前喜欢 X，所以可能也喜欢 Y”的推荐逻辑更容易被用户接受。

3. 离线实验与实际应用

尽管离线实验中 ItemCF 在某些指标上可能不如 UserCF，但这并不意味着在实际应用中它就不适合。离线实验的性能只是选择推荐算法时的一个参考因素，更重要的是要结合产品的具体需求、技术实现的难易程度以及在线指标的表现来综合判断。例如，即使 ItemCF 的覆盖率和新颖度较低，但如果它能显著提升用户的点击率和满意度，那么它就是更合适的选择。

2.2.4 基于模型的协同过滤

为了应对大规模数据集所带来的对算法性能的挑战，基于模型的协同过滤算法应运而生。这类算法通过统计和机器学习技术对用户行为数据进行建模，以捕捉用户和项目之间的复杂关系。模型构建过程通常在离线状态下完成，以减少对在线服务的影响。一旦模型训练完成，即可快速在线生成推荐结果。

基于模型的协同过滤算法采用的技术多种多样，包括贝叶斯网络、聚类分析、神经网络和关联规则挖掘等。这些技术使得算法能够更准确地预测用户的偏好，从而提供更加个性化的推荐服务。

2.3 高级进阶技术

在推荐系统中，基于邻域的方法利用评分之间的关联性来构建用户或物品间的相似度模型，尽管具有直观性和易实现性，却有两个显著缺陷：覆盖受限与数据的稀疏性。

1. 覆盖受限

基于邻域的方法的前提是假设用户间的相似度仅源自共同评分的物品来计算。当用户间共同评分项稀少或不存在时，系统则难以发现潜在的相似用户或兴趣。此外，仅推荐被近邻用户评价过的物品，进一步限制了推荐内容的多样性。

2. 数据的稀疏性

数据稀疏性是推荐系统面临的普遍挑战，特别是在用户仅对少量物品进行评分的情况下。稀疏性不仅减少了可用于计算相似度的共同评分项，还可能导致相似度估计的偏差，从而影响推荐质量。当新用户或新物品加入系统时，冷启动问题会导致相似度偏差更明显，严重影响推荐质量。

为缓解上述问题，常规方法有使用默认值填补缺失评分、基于内容的预测填补以及主动学习技术[4-7]。然而，这些方法均存在局限性。例如，默认值填补可能引入偏差，而内容信息在某些情境下可能不适用于评分预测。主动学习技术虽能提高数据密度，但增加了用户负担。本节介绍基于图(Graph-based)和基于学习(Learning-based)的两种方法如何解决上述问题。

2.3.1 基于图的方法

图模型构建：基于图的方法将用户、物品及其交互关系表示为图结构，提供了一种更灵活的数据表示方式。图 2-5 所示为二部图(又称二分图)表示用户与物品的评分关系示意图。用户与物品分别作为节点，评分作为连接二者的边，边的权重代表评分值。这种表示方式有助于捕捉用户与物品之间的复杂关系。

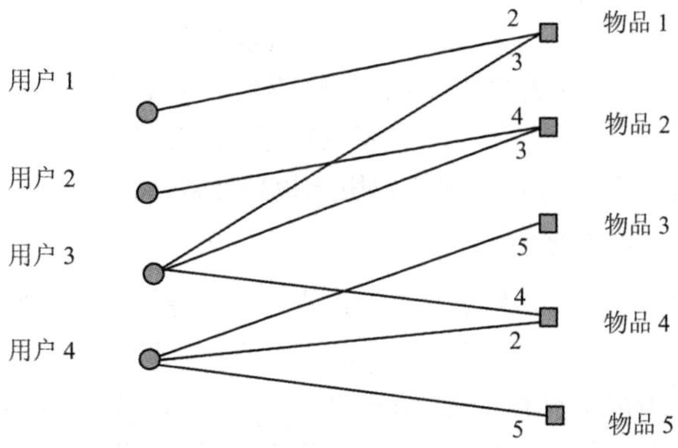

图 2-5　二部图表示用户对物品的评分关系

传统方法在预测评分时仅使用用户与物品之间具有直接连接的节点，而基于图的方法利用信息传播机制考虑间接连接的节点间的影响。边的权重决定信息传递的强度，而节点间的距离则决定信息衰减的程度。这种传播与衰减特性为计算节点间的相似度提供了新的视角。

基于图的方法可以通过两种策略实现推荐。一是直接利用用户与物品在图中的接近度评估相关性，从而推荐最接近用户的物品；二是将节点间的接近度视为相似度权重，融入基于邻域的推荐算法中。

在推荐系统的图模型框架内，基于路径的相似度计算提供了一种有效手段来评估用户与物品之间潜在的关联强度。此方法通过连接两个节点(用户或物品)的所有可能路径及其路径长度，来量化它们之间的相似性或关联度。

1. 基于路径的相似度

设评分矩阵 $\boldsymbol{R}=|U|\times|I|$，其中 U 和 I 分别表示用户集和物品集，用户对物品进行了评分则 $r_{ui}=1$，未评分则 $r_{ui}=0$。据此可构建二分图邻接矩阵 $\boldsymbol{A}$，邻接矩阵的结构反映用户与物品之间的直接交互关系。

$$\boldsymbol{A}=\begin{bmatrix}0 & \boldsymbol{R}^{\mathrm{T}}\\ \boldsymbol{R} & 0\end{bmatrix} \tag{2-12}$$

在基于路径的相似度计算中，两节点间的距离通过连接它们的所有路径的数量及其长度的函数来确定。根据二分图的特性，路径长度 k 必须是奇数，以确保从用户节点出发最终到达物品节点。为了减弱长路径对相似度计算的影响，引入衰减因子 α^k，取值范围为[0，1]。这种用于度量二分图中节点对的相似度的方法就是著名的卡茨测量(Katz Measure)[8]，该

方法特别适用于处理大规模图数据时的计算。用户-物品的关联矩阵为

$$\boldsymbol{S}_k = \sum_{k=1}^{K} \alpha^k \mathbf{A}^k = (I - \alpha\mathbf{A})^{-1}(\alpha\mathbf{A} - \alpha^k\mathbf{A}^k) \tag{2-13}$$

在推荐系统的研究中，基于路径的方法并不追求对用户评分的精确预测，而是深入发掘用户集合与物品集合之间的关联性。这种策略不仅克服了数据稀疏性的挑战，还满足了Top-N 推荐问题对于推荐准确性和多样性的高要求，因为它能够高效地识别出与用户最相关的物品集合。因此，基于路径的方法常常用于物品检索任务。

2. 基于网络结构的推荐算法

基于网络结构的推荐算法不考虑用户和商品的内容特征，只保留用户与物品的选择关系。Zhou 等[9] 和 Huang 等[10] 提出了基于网络结构的物质扩散推荐算法。利用用户与物品的关联关系将"用户-物品"矩阵构建为"用户-物品"二部图，节点分别表示用户和物品，如果一个用户选择过某种物品，则二者之间用一条边连接，同类节点之间无连边，然后借鉴物理动态学理论中物质扩散的思想描述用户与物品之间关系的转移。该算法针对每个目标用户进行物质扩散，根据目标用户对物品的历史选择情况，确定物品的初始资源，并在"用户-物品"二部图中进行扩散，由初始状态扩散至用户可能感兴趣的物品上，根据物品最终获得的物质资源量为用户进行推荐。该方法的数学形式描述如下。

在"用户-物品"的二分网络 $G(U, O, E)$ 中，有 m 个用户 $U=\{u_1, u_2, \cdots, u_m\}$ 和 n 个物品 $O=\{O_1, O_2, \cdots, O_n\}$，$E$ 表示用户与物品选择关系的边的集合。二分网络可以用一个 $m\times n$ 邻接矩阵 $\mathbf{A}_{m\times n}=[a_{i\alpha}]$ 表示，如果用户 u_i 选择过物品 o_α，则 u_i 和 o_α 之间存在一条边，在邻接矩阵中对应元素 $a_{i\alpha}=1$，否则 $a_{i\alpha}=0$。推荐系统的主要目的是为目标用户 u_i 提供最需要的 L 个未选择的物品 O^L。k_i 表示用户 u_i 选择的物品数量，k_α 表示选择物品 o_α 的用户数。

物质扩散推荐算法的实现过程如下。

步骤 1：统计目标用户 u_i 的物品选择情况，令 $\boldsymbol{F}_i=(f_{\alpha i})_{n\times m}=(a_{i1}, a_{i2}, \cdots, a_{in})$，表示用户 u_i 对 n 个项目的初始资源分配，则 $f_{\alpha i}=a_{i\alpha}$，即目标用户 u_i 选择过物品 o_α，物品有一个单位的资源，未选择物品初始资源为 0。

步骤 2：资源从物品集合扩散至用户集合，采用平均分配原则实现资源扩散，即买过物品 o_α 的每个用户 u_i 均分得资源 $a_{i\alpha}k_\alpha^{-1}$。其中，$a_{i\alpha}$ 为邻接矩阵 $\mathbf{A}$ 中的元素，k_α 表示选择物品 o_α 的用户数。

步骤 3：资源从用户集合扩散至物品集合，原理与步骤 2 相似，每个用户把所得到的资源平均分配给自己选择过的物品，每个物品获得的资源总量通过不同用户扩散而来的资源累计计算而得，原始资源 o_α 最终分配给 o_β 的概率，即转移概率

$$w_{\beta\alpha} = k_\alpha^{-1} \sum_{i=1}^{m} a_{i\alpha} a_{i\beta} k_i^{-1} \tag{2-14}$$

式中：

k_i——用户 u_i 选择的物品数量。

用户 u_i 对 n 个项目的最终资源分配

$$\boldsymbol{F}_i' = \boldsymbol{W}\boldsymbol{F}_i \tag{2-15}$$

式中：$\boldsymbol{W}$ 为资源转移矩阵，且 $\boldsymbol{W}=[w_{\beta\alpha}]$，矩阵 $\boldsymbol{F}_i=(f_{\alpha i})_{n\times m}$ 的第 i 列表示用户 u_i 选择任意物品的概率向量。

步骤 4：根据 $\boldsymbol{F}_i'$ 产生推荐列表。按照从大到小的顺序排列 $\boldsymbol{F}_i'$ 中的物品向量，从中选择目标用户未选择过的 L 个物品生成推荐项目列表。

物质扩散推荐算法虽然能够获得准确率较高的推荐结果，却忽略了推荐结果的多样性。针对推荐结果多样性低下的问题，文献[11]模仿物理学中的热传导过程，提出了一种基于热量传播的算法，以进行物品节点的资源重分配，称为热量传播算法(HeatS)。该算法与物质扩散算法比较相似，初始资源分配方法类似，主要区别是物质扩散算法在资源传播时遵守能量守恒定理，根据出发节点的出度进行均匀扩散，而热传导算法在资源传递过程中能量不守恒，根据接收节点的入度均匀吸收能量，热传导算法的转移函数为

$$w_{\beta\alpha} = k_\beta^{-1}\sum_{i=1}^{m} a_{i\alpha}a_{i\beta}k_i^{-1} \tag{2-16}$$

虽然已有不少学者针对网络结构研究推荐算法，如物质扩散推荐算法被广泛研究且取得了丰富成果，但仍然存在一些不足有待研究。首先，在二部图网络结构推荐过程中，过度依赖节点间的选择关系进行推荐，推荐列表中物品流行化问题显著。其次，推荐物品集中于热门物品，推荐结果的多样性和新颖性较差。最后，对用户、物品度的大小过于依赖，不考虑用户对物品的偏好，导致两个节点之间的关联度增加，推荐结果不准确，达不到个性化推荐的效果。

3. 基于因子图的推荐算法

概率图模型是一类用图形模式表达基于概率的相关关系的模型总称，其框架结构能清晰地表达基于网络化依赖关系的计算和概率架构。概率图模型将图论和概率论完美结合，将联合概率分布通过图进行表示和操作，形成了一个强大的多变量统计模拟形式体系。众多领域研究的多变量概率系统可以用概率图模型进行表示，如进化树、谱系图、卡尔曼滤波、马尔可夫网、贝叶斯网及因子图等。这些模型都可以一般化为图模型的形式体系。本节重点介绍与本研究有关的因子图模型，包括因子图的表示、推理机制及学习算法等。

1）因子图的表示

因子图[12]是对多元函数做因式分解的二部图，变量间的联合概率分布函数都可以分解为这些变量子集之间的函数积，通过和积算法，在贝叶斯推理中能够有效地计算边缘分布。因子图中存在两类节点：因子节点和变量节点。因子节点又称函数节点，代表因式分解中

的局部函数。变量节点代表全局多元函数中的变量，该变量是因子节点的自变量。如果函数的因子关联了其中的某些变量，那么该因子对应的因子节点和这些变量对应的变量节点之间建立边，它反映全局函数和局部函数之间的关系。因此，因子图也称为双偶的，即因子图的边只连接不同类型的节点，同类节点之间没有边直接相连。

假设分布中的每个变量采用圆圈表示，而联合分布中的每个因子采用方框表示。设变量集 $X=\{x_1, x_2, \cdots, x_n\}$，$X_j \subseteq X$，函数 $g(X)$的因式分解可形式化为

$$g(X) = \prod_{j=1}^{m} f(X_j) \tag{2-17}$$

图 2-6 所示为无向因子图示例，其中 x_1，x_2 和 x_3 是普通变量，f_a、f_b、f_c 和 f_d表示因子变量，每个因子与其所依赖的变量间采用无向边相连接，则该分布可以表示为如下的分解：

$$p(x_1, x_2, x_3) = f_a(x_1, x_2)f_b(x_1, x_2)f_c(x_2, x_3)f_d(x_3) \tag{2-18}$$

式中：f_a 和 f_b 定义在相同的变量 x_1 和 x_2 上，f_c 因子定义在变量 x_2 和 x_3 上，f_d 只定义在变量 x_3 上。

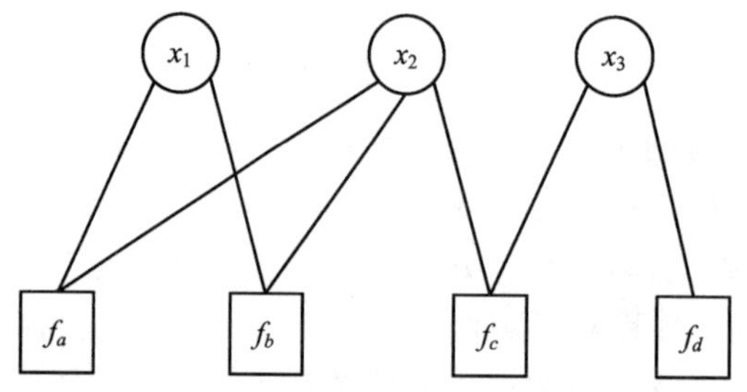

图 2-6　因子图示例

2) 推理机制及学习算法

由于其结构和分解因子的任意性，在因子图中的概率推理常用基于消息传递机制的和积算法[12]，可以高效地计算函数中每个变量的边缘分布。

若 e 是因子图中的一条边，则它的形式为$\{x, f\}$，其中，x 是一个变量节点，f 是一个因子节点，与边 e 关联的变量是 x。和积算法中的消息在边上进行迭代更新，直至整个因子图收敛。和积算法有两类消息。

(1) 从变量节点 x 传送到因子节点 f 的消息：消息函数等于除当前接收因子节点外的所有相邻函数节点消息的乘积，

$$\mu_{x \to f}(x) = \prod_{h \in n(x) \setminus \{f\}} \mu_{h \to x}(x) \tag{2-19}$$

式中：

$n(x)$——变量节点 x 的邻居；

$n(x)\backslash\{f\}$——变量节点 x 的邻居中不包含节点 f 的其他邻居。

(2) 从因子节点 f 传送到变量节点 x 的消息：消息函数等于除当前接收变量节点外的所有其他变量节点消息和当前因子节点值的乘积在当前变量节点 x 上边界化的结果，

$$\mu_{f\to x}(x) = \sum_{\sim\{x\}}\left[f(X)\prod_{y\in n(f)\backslash\{x\}}\mu_{y\to f}(y)\right] \tag{2-20}$$

式中：

X——函数 f 的参数集，且 $X=n(f)$；

$n(f)$——因子节点 f 的邻居；

$n(f)\backslash\{x\}$—— 因子节点 f 的邻居中不包含节点 x 的其他邻居。

图 2-7 所示为和积算法的更新规则。

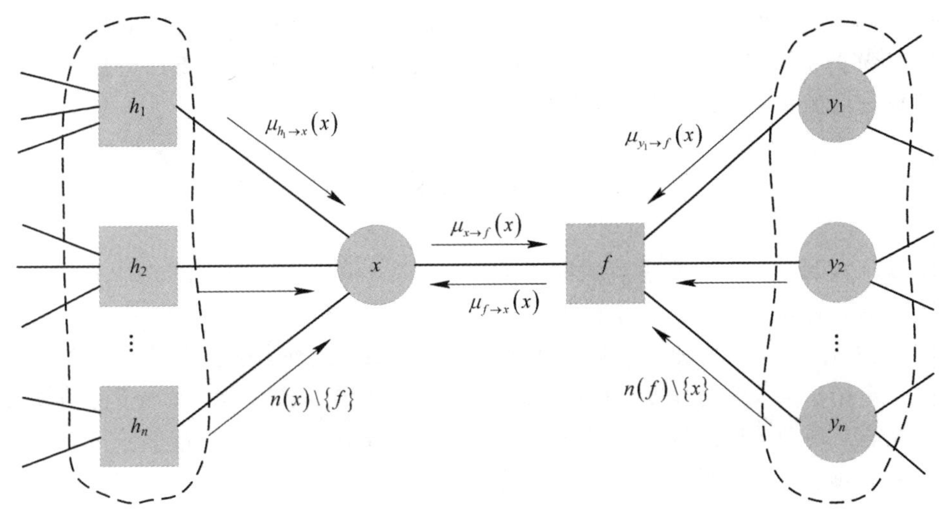

图 2-7　和积算法的更新规则

和积算法是因子图中的基本算法，对整个概率图模型的推理都有很重要的影响。对于一个贝叶斯网或马尔可夫网来说，和积算法等价于(循环)信度传播算法。

由于因子图的简单通用性，它不仅在概率和随机过程领域有极大的应用，而且在其他领域如信号处理、人工智能、数据挖掘等领域也有广泛的应用价值。

2.3.2　基于学习的方法

在推荐系统的研究领域中，基于学习的方法是一个重要的分支，与基于图的方法相比具有明显优势。基于图的方法侧重于直接从用户-物品交互网络中估算相似度或近邻关系，而基于学习的方法则通过构建参数模型来深刻描述用户与用户之间、物品与物品之间以及用户与物品之间的复杂关系。这类方法通过优化过程求解模型参数，展现出了一系列独特的优势。

首先，基于学习的方法能够捕获数据中的高层模式与趋势，对异常值表现出更强的鲁棒性，从而提升了推荐系统的稳定性和可靠性。其次，相较于单纯依赖局部关系的方法，基于学习的方法具有更好的泛化能力，能够更有效地应对新用户或新物品的加入。再者，由于用户与物品之间的关系被编码为有限的参数集，这类方法在空间复杂度上具备优势，减少了内存消耗。最后，参数通常在离线阶段完成学习，使得在线推荐过程更为高效快捷。

基于分解的方法是学习方法中的一个重要子类，它通过映射用户或物品到潜在变量空间来解决数据稀疏性和覆盖受限的问题。在潜在空间中，用户或物品之间的比较基于更为密集且有意义的特征集，从而能够发掘出更多潜在的关联。

改善推荐系统主要有两种分解方法：① 对稀疏的相似度矩阵进行分解；② 对用户评分矩阵进行分解。这两种方法都是由于用户评分数量有限，用户或物品之间的相似度矩阵或用户评分矩阵非常稀疏，因此通过计算相似度矩阵或用户评分矩阵的低秩近似来使其变得稠密。具体方法的相关介绍可参考文献[13－19]。

本章小结

本章深入探讨了基于协同过滤的推荐系统。首先，阐述了协同过滤的基本概念，为后续内容奠定理论基础。随后，详细介绍了基于近邻的协同过滤算法，包括基于用户和基于物品的两种主要方法，并对比了它们的优劣与适用场景。此外，还引入了基于模型的协同过滤，进一步拓宽了算法的深度与广度。最后，探讨了高级进阶技术，如基于图的方法和基于学习的方法，展现了协同过滤领域的最新进展与研究方向。通过本章学习，读者能够全面理解协同过滤推荐系统的构建原理与实现方法。

本章参考文献

[1] SARWAR B, KARYPIS G, KONSTAN J, et al. Item-based collaborative filtering recommendation algorithms[C]//Proceedings of the 10th International Conference on World Wide Web. ACM, 2001: 285-295.

[2] SHARDANAND U, MAES P. Social information filtering: Algorithms for automating “word of mouth”[C]//Proceedings of the SIGCHI Conference on Human Factors in Computing systems. ACM Press/Addison-Wesley Publishing Co., 1995: 210-217.

[3] 罗辛，欧阳元新，熊璋，等. 通过相似度支持度优化基于 K-近邻的协同过滤算法[J]. 计算机学报，2010，33(8)：1437-1445.

[4] BREESE J S. Empirical analysis of predictive algorithms for collaborative filtering [C]//Proc. 14th Conference on Uncertainty in Artificial Intelligence. Madison, WI: Morgan Kaufmann Publisher, 1998: 43-52.

[5] DESHPANDE M, KARYPIS G. Item-based top-N recommendation algorithms[J]. Acm trans inf syst, 2004, 22(1): 143-177.

[6] DEGEMMIS M, LOPS P, SEMERARO G. A content-collaborative recommender that exploits WordNet-based user profiles for neighborhood formation[J]. User modeling and user-adapted interaction, 2007, 17(3): 217-255.

[7] GOOD N, SCHAFER J B, KONSTAN J A, et al. Combining collaborative filtering with Personal agents for better recommendation[C]//Proceedings of the 16th National Conference on Artificial Intelligence and the 11th Innovative Applications of Artificial Intelligence Conference Innovative Applications of Artificial Intelligence. American Association for Artificial Intelligence, 1999.

[8] KATZ L, MOUSTAKI I. A new status index derived from sociometric analysis[J]. Psychometrika, 1953, 18(1): 39-43.

[9] ZHOU T, REN J, MEDO M, et al. Bipartite network projection and personal recommendation[J]. Physical review, Estatistical, nonlinear, and soft matter, 2007, 76(4): 046115.

[10] HUANG Z, CHEN H, ZENG D. Applying associative retrieval techniques to alleviate the sparsity problem in collaborative filtering[J]. Acm transactions on information systems, 2004, 22(1): 116-142.

[11] ZHANG Y C, BLATTNER M, YU Y K. Heat conduction process on community networks as a recommendation model[J]. Physical review letters, 2007, 99(15): 154301.

[12] KSCHISCHANG F R, FREY B J, LOELIGER H A. Factor graphs and the sum-product algorithm[J]. IEEE transactions on information theory, 2001, 47(2): 498-519.

[13] BELL R M, KOREN Y, VOLINSKY C. Modeling relationships at multiple scales to improve accuracy of large recommender systems[C]//ACM SIGKDD International Conference on Knowledge Discovery and Data Mining. ACM, 2007.

[14] BILLSUS D, PAZZANI M J. Learning collaborative information filters[C]//ICML'98: Proc. of the 15th Int. Conf. on Machine Learning. San Francisco, CA: Morgan Kaufmann Publishers, 1998.

[15] GOLDBERG K, ROEDER T, GUPTA D, et al. Eigentaste: A constant time

collaborative filtering algorithm[J]. Information retrieval, 2001, 4(2): 133-151.

[16] KOREN Y. Factorization meets the neighborhood: A multifaceted collaborative filtering model [C]//Proceedings of the 14th ACM SIGKDD International Conference on Knowledge Discovery and Data Mining. Las Vegas: ACM, 2008.

[17] SARWAR B, KARYPIS G, KONSTAN J, et al. Application of dimensionality reduction in recommender system - A case study[C]//Proceedings of the ACM WebKDD Workshop on Web Mining for E-commerce. New York: ACM Press, 2000.

[18] GÁBOR T, ISTVÁN P, BOTTYÁ N, et al. Investigation of various matrix factorization methods for large recommender systems[C]//Proceedings of the 2nd KDD Workshop on Large-scale Recommender Systems and the Netflix Prize Competition. ACM SIGKDD, 2008.

[19] GÁBOR T, ISTVÁN P, BOTTYÁ N, et al. Scalable collaborative filtering approaches for large recommender systems [J]. Journal of machine learning research, 2009, 10: 623-656.

第3章　基于社会网络数据的推荐

3.1　社会网络的基本概念

3.1.1　社会网络的定义

社会网络最早出现在社会学领域中，被定义为互相关联的社会角色的集合。后来，社会网络被解释为人们抽象出来用于研究社会环境下节点与节点之间关系的图模型。节点指的是在虚拟网络中的个人、公司、党政机关等具有社会意义的实体，节点之间的边表示实体之间在一段时间或空间范围内形成的社会化联系(可以是某种关系或某种互动模式)。在互联网高速发展的今天，形式多样的社会网络不断涌现，其形成方式主要包括电子邮件、网站注册信息、论坛和讨论组、即时聊天工具、社交服务网站。前四种形成方式获得的数据属于隐性社交关系数据，对用户间的显性社会关系难以判断；而以社交服务网站方式形成的社会网络打破了这个限制，如Facebook、Twitter、LinkedIn、MySpace、Epinions、Ciao、新浪微博、豆瓣网、微信、QQ等。一般来说，目前有三种不同的社会化网络关系数据：

(1) 双向确认的社会化网络数据，以Facebook、微信、QQ为代表，这种社会化关系可以用无向图表示；

(2) 单向关注的社会化网络数据，以Twitter和新浪微博为代表，即用户可以关注用户而不需要得到用户的允许，这种社会化关系需要用有向图表示；

(3) 基于社区的社会化网络数据，这种数据包含了用户属于不同社区的数据，比如豆瓣小组，属于同一小组可能代表用户兴趣的相似性，或者是在同一家公司工作的人，或者是同一个学校毕业的人。

社会网络的出现引起了个人、企业、国家等不同层面的关注。个人想通过社会网络了解自身或者他人的行为、身份、资本、关系、社交圈、位置、地位、情感等诸多社会属性；企业想通过社会网络谋求更新的商业模式，寻求更大的商业利益，追求企业利益最大化；国家想通过社会网络进行高效的社会管理，洞察社会的发展态势，掌握社会动态与民生状况。社会网络已经引发了国家战略、企业规划、营销策略、商业模式、用户行为习惯、生活观念等方方面面的变化。

随着大数据时代的到来，越来越多的社会网络提供了开放的数据访问 API 接口，真实的社会网络数据集变得越来越容易获得，社会网络分析已经成为一个热门的研究领域。研究人员研究了社会网络中的用户可信度评估、用户影响力计算、信任关系挖掘等，并使用这些理论结果作为商品推荐、病毒式营销、预测热门话题、公共管理的理论基础。

社会网络形式化的定义：一个给定的社会网络用图 $G=\langle V, E\rangle$ 表示，其中，V 是网络中所有个体构成的节点集合，每个节点代表一个个体，将人与人的关系转化成研究节点与节点的关系；E 是网络中的边集，代表社会网络中所有个体间关系的集合，表示为 $E\subset V\times V$，边代表节点间的相互作用、合作、影响和关系等。例如，边可以表示亲友关系、上下级关系、信任关系、同学关系、同事关系等；w_{ij} 表示社会网络中边的权重，可以表示两个用户间关系的亲密程度等。图 G 的邻接矩阵用 $\mathbf{A}_{n\times n}$ 表示，n 代表网络中的节点数量，邻接矩阵 $\mathbf{A}$ 中的元素表示为

$$a_{ij}=\begin{cases}1, & (i, j)\in E\\ 0, & \text{其他}\end{cases} \tag{3-1}$$

3.1.2 社会网络的理论基础

1. 社会网络的特性

社会网络是一种无标度性、小世界性和社区性(圈子性)的网络[1-2]。社会网络中点与点之间的关系具有同质性、多样性、交互性和邻居性。

(1) 无标度性。社会网络的无标度性[1]是指社会网络中节点的度呈现一定的幂律分布特征，社会网络中大多数的节点的度数较小，而少量节点的度数较大，度数较大的节点与大量的节点连接，并且社会网络中新的节点总是优先与度数较大的节点进行连接。

(2) 小世界性。社会网络的小世界性[2]是研究社交网络影响力的理论基础之一。它指出社会中任意两个人之间所间隔的人不超过 6 个人。也就是说，世界上任意两个人之间，通过他们的朋友或所认识的人，必然能够产生某种联系。这恰恰验证了社交网络弱联系的存在。弱联系的存在使得陌生人与陌生人的社交变得可能，依托互联网技术，部分弱联系可逐步变成强联系。

(3) 社区性。社会网络的社区性是指大量节点(即用户)因相同的兴趣、爱好或为某一特定的目的而聚集在一起，社区内部的节点连接紧密，但社区性之间的节点连接不紧密。如，知乎网中不同兴趣的讨论团体，Flickr 中喜好摄影和图片的交流群。不难看出社交网络的社区特性有助于企业精准定位用户，更适合进行产品推广和营销。

(4) 匿名性。社会网络具有匿名性。由于社交网络允许用户匿名注册且可以注册多个账号，用户通过这些账号发布或传播信息时表现出的随意性，导致社交网络中出现不可信行为。因此需要建立有效的信任机制。关于信任的相关概念在 4.2 节进行详细介绍。

(5) 同质性。同质性是指社会网络中相互交互的两个节点之间在某些特征上的相似程度，如年龄、性别、教育、行为、信仰、价值观、社会地位等[3]。也就是说，具有相似的社会地位、身份特征或思维、想法相似的个体更容易互相交往，即所谓的"物以类聚，人以群分"。同质性越强说服力越高，具有同质性的信息来源比异质来源更可信。同质性是一种存在于各种网络中的普遍社会机制，极大地影响着社会网络中各种关系的形成。

(6) 多样性。多样性是指社会网络中某一节点与其他节点的关系的复杂程度，体现为不同类别的边的数目，比如，当两个节点同时存在亲友关系与上下级关系时，其多样性记为2。

(7) 动态性。动态性是描述用户关系的特性。在社会网络中，无论什么人在任何时间、地点可以自由地加入或者离开这种关系，所以在社会网络中的用户关系具有动态特性。

(8) 交互性。交互性是指在社会网络中两个节点之间社会关系的强度。比如，两个人之间信息交流频繁，其交互性就强。

(9) 邻居性。社会网络中由一条边连接的节点称为邻居。也就是说，在社会网络中的节点(除孤立点外)都有邻居，即具有邻居性。

2. 基于社会网络研究的理论依据

基于社会网络的影响力研究是近年来的研究热点之一。其理论依据有150定律、说服传播理论和二级传播理论。

1) 150定律

150定律也称邓巴数[4]，邓巴(Dunbar)研究发现在社会化网络中，人们可以与之保持社交关系的人数的最大值为150。

2) 二级传播理论

"二级传播"是指基于舆论领袖、大众和受传者等共同组成的传播过程。研究发现用户是社交网络力的核心资源，少数舆论领袖(即极具影响力的用户)对信息的扩散和社交网络影响力的传播起到了巨大作用。此外，大众和受传者也在信息传播过程中发挥了重要作用。因此，二级传播理论是社交网络影响力传播的理论基础之一。

3) 说服传播理论

信息传播过程中的说服传播可以改变信息接收者的认知、态度和行为。社交网络上信息传播的本质是激发用户产生一系列行为或改变用户态度，若用户未对信息进行点赞、回帖、收藏、转发，那么社交网络就没有影响力。也就是说影响力的本质是说服力。在面临说服性信息时，个体的态度发生转变并影响了决策行为即产生了说服效应。说服效应在社交网络的信息传播中起着重要作用。因此，说服传播理论也是社交网络影响力传播的理论基础之一。

3.1.3 社会网络的统计特性

社会网络具有典型的大数据特征，其巨大的用户群实时产生庞大的信息量，具有大数据的 4 V 特性：超大规模的数据量(Volume)、纷繁复杂的数据类型(Variety)、极快的增长速度(Velocity)和可观的数据可用性(Value)。因此，对社会网络结构的刻画和描述就需要用到一些常用的统计特性，主要包括度分布、平均路径长度、聚集系数、网络密度、中心性、同配系数等。

1. 度分布

社会网络中的度是指与目标节点连接的边的数量。一个节点的度越大，表示该节点可直接影响其他节点的数量越多，则该节点的影响力越大。有向图 $G=\langle V, E\rangle$ 中，根据连出边和连入边的数目，节点 i 的度分别称为入度和出度，入度表示从其他节点出发指向 i 的边的条数，出度表示从节点 i 出发指向其他节点的边的条数，可以表示为式(3-2)和式(3-3)。一个点的入度和出度均为 0，表示该节点是孤立节点。

$$\text{indg}(i) = \sum_{j\in V} a_{ji} \tag{3-2}$$

$$\text{outdg}(i) = \sum_{j\in V} a_{ij} \tag{3-3}$$

式中：

indg(i)——节点 i 的入度；

outdg(i) ——节点 i 的出度；

a_{ji}——邻接矩阵 $\mathbf{A}$ 中的元素，存在从节点 j 指向节点 i 的边，则值为 1，否则为 0；

a_{ij}——邻接矩阵 $\mathbf{A}$ 中的元素，存在从节点 i 指向节点 j 的边，则值为 1，否则为 0。

2. 网络密度

社会网络的网络密度是衡量社会网络中所有节点互连程度的重要指标之一。在网络中，各个节点之间的连线越多，网络就显得越紧凑，可达路径就越多，信息或资源到达其他节点的路径就越多，运行起来就越通畅，节点之间沟通就更快捷。其定义为社会网络中实际存在的边数与理论上所有边数的比值，可以表示如下：

$$\text{Density}(G) = \begin{cases} 2L[N(N-1)]^{-1}, & \text{在无向图中} \\ L[N(N-1)]^{-1}, & \text{在有向图中} \end{cases} \tag{3-4}$$

式中：

L——社会网络中实际存在的边数；

N ——社会网络中的节点数。

此外，Density(G)满足 0≤Density(G)≤1。若 Density(G)=1，则表示社会网络全连通；若 Density(G)=0，则表示社会网络没有任何边。网络密度刻画了社会网络的密集程度，其值越大，表示网络密度越大，说明节点间的关系越紧密。

3. 中心性

在社会网络中，节点的位置越靠近中心，则节点在网络中的影响力越大，因此，将节点的重要程度称为“中心性”。通常采用不同的中心性来描述社会网络不同的动态特性下的重要性。下面概要介绍几种常见的中心性度量方法：度中心性、介数中心性、离心中心性和接近中心性。

1）度中心性

度中心性(DC)是指在社会网络中如果节点的邻居数目越多，那么它的影响力也越大[5]。度中心性是衡量社会网络中节点重要性的最简单指标，在有向图中，分为点入度中心度和点出度中心度。入度中心度表示节点被其他节点关注的程度，其值越大表示关注度越高，公式如式(3-5)。出度中心度表示节点活跃程度，其值越大表示节点越活跃，公式如式(3-6)。节点 i 的度中心性 DC(i)可以表示为式(3-7)。

$$\mathrm{DC_{in}}(i)=\mathrm{indg}(i)\,(N-1)^{-1} \tag{3-5}$$

$$\mathrm{DC_{out}}(i)=\mathrm{outdg}(i)\,(N-1)^{-1} \tag{3-6}$$

$$\mathrm{DC}(i)=[\mathrm{indg}(i)+\mathrm{outdg}(i)][2\,(N-1)^{-1}] \tag{3-7}$$

式中：

$\mathrm{DC_{in}}(i)$——点入度中心度；

$\mathrm{DC_{out}}(i)$——点出度中心度；

N——社会网络中节点的数量；

$N-1$——节点 i 可能的最大度值。

度中心性具有直观、运算简单等特点，但并不是社会网络中的所有特性都能通过这种简单的机制得到合理的量化与诠释。

2）介数中心性

介数中心性(BC)是指网络中所有最短路径中经过某一具体节点的路径数量占最短路径总数的比值。介数中心性反映节点在整个网络连通性中的作用。如果社会网络中经过一个节点的最短路径数越多，那么这个节点就越重要，对资源的控制程度也就越高。节点 i 的介数中心性 BC(i)可以表示为

$$\mathrm{BC}(i)=\left(\frac{n(n-1)}{2}\right)^{-1}\sum_{i\neq s,\ i\neq t,\ s\neq t}\frac{|\{g_{st}^{i}\}|}{|\{g_{st}\}|} \tag{3-8}$$

式中：

$\{g_{st}\}$——节点 s 与节点 t 间最短路径的集合；

$\{g_{st}^{i}\}$——节点 s 与节点 t 间最短路径中经过节点 i 的集合；

$n(n-1)/2$ —— 归一化系数。

式(3-8)中，节点 V_i 的介数中心性满足 $0 \leqslant \mathrm{BC}(i) \leqslant 1$，而且如果任何一条最短路径都不经过节点 V_i，则该节点的介数中心性 $\mathrm{BC}(i)=0$。

3）接近中心性

接近中心性(CC)是指目标节点与社会网络中其他所有节点距离的平均值[6]。它反映的是节点摆脱其他节点控制的程度。如果社会网络中一个节点与其他节点的平均距离越小，那么说明该节点的接近中心性越大，也就是说接近中心性较大的节点更接近网络中其他节点，其对信息扩散的作用就越强。节点 V_i 的接近中心性 $\mathrm{CC}(i)$ 可以表示为

$$\mathrm{CC}(i) = (N-1)\Big(\sum_{j \in V} g_{i,j}\Big)^{-1} \tag{3-9}$$

式中：

N——社会网络中的节点数量；

$g_{i,j}$——社会网络中节点 i 和节点 j 之间的最短路径长度。

式(3-9)仅对连通的社会网络有效，因此 Latora V 等[7]对式(3-9)进行了改进，得

$$\mathrm{EFF}(i) = \sum_{j=1}^{N} (g_{i,j})^{-1} \tag{3-10}$$

由式(3-10)可知，如果节点 i 和 j 之间没有可达路径，则 $g_{i,j}=\infty$，因此 $(g_{i,j})^{-1}=0$。

4）离心中心性

离心中心性(ECC)是指目标节点与社会网络中其他所有节点距离的最大值[8]。节点 i 的离心中心性 $\mathrm{ECC}(i)$ 可以表示为

$$\mathrm{ECC}(i) = \max(g_{i,j}),\ j = (1, 2, \cdots, N) \tag{3-11}$$

3.2 信任的相关知识

3.2.1 信任的概念

信任来源于人类社会，是人际交往的基础，常用来形容人类社会成员在社会交往中逐渐形成的与他人的关系。信任的主体一般是由人所组成的个体或群体，信任是主体对象对特定特征或行为的主观判断。信任是一个多学科的概念，在社会学、心理学、经济学、计算机等多个学科都有广泛研究，研究者根据自身对信任的理解、个人经验、所处背景、视角和所要解决的问题给出了不同的定义。从社会学角度，信任是人类社会成员之间相互依赖的关系，是维系社会共享价值与稳定的关键。缺乏信任感的社会充满互相猜忌，尔虞我诈的生活会使社会系统崩溃。在心理学研究领域，信任是被其他个体观点所影响的一种信念。在经济学领域，信任被看作是商业关系的特性，是对商业伙伴可靠性的主观看法，是根据商业伙伴的可靠性、信息的完整性、授权信息的保护性、产品质量的保障和计算机服务的

依赖性等方面对主体进行有利行动的大概率判断。在计算机研究领域，信任是主体对象根据与客体对象的历史交互经验，预估客体对象的某一特定行为或行为集的主观可能性等级，并且客体对象的预期行为会影响主体对象的行为，预估结果会随时间、行为、环境等的变化而发生改变。

综合各种文献，基于智能推荐系统应用的具体特点，笔者对社交网络中信任的概念给出如下描述性定义。

定义 1 信任是主体对象在特定领域中、特定上下文中根据历史交互记录对于客体对象的能力、诚实度、安全性和可靠性的综合信念的量化表示。

定义 2 信任网络是以用户为节点，以用户间的直接信任关系或间接信任关系为边所构成的网络。信任网络可用有向图来表示，如图 3－1。用户之间的边表示两个节点存在直接信任关系，边的权值表示用户间的信任度。

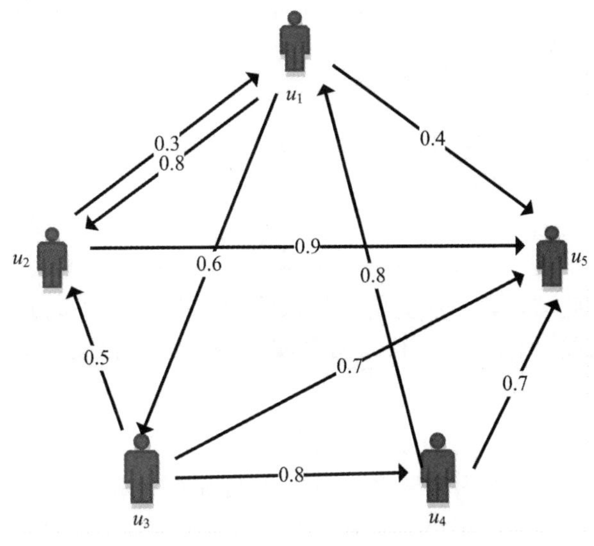

图 3－1 信任网络

定义 3 信任主体是网络中计算信任值的节点。

定义 4 信任客体是被计算信任值的节点。

定义 5 邻居节点指的是和自身发生过直接交互行为的节点。

定义 6 信任度表示信任程度的大小。

3.2.2 信任的组成

在现实社会中，人与人之间的信任来源于相互交往的经验或者他人的推荐，信任关系存在于朋友、同学、同事、亲人、邻居等关系中。社会网络基于真实社会构建，其信任的建立与真实社会中信任的形成相同。信任由直接信任、间接信任、推荐信任、信誉组成。

直接信任是指两个有直接交互行为的实体对象，根据历史交互行为及交互结果建立的只有这两个实体参与的二元信任关系。

间接信任(又称推荐信任)是指没有直接交互行为，实体对象通过第三方的推荐信息而建立的主观判断，是对现实生活中“认识”或“了解”的抽象。请求实体对象会根据自身策略来处理众多推荐信息，最终得到对于目标实体对象的主观信任判断。

信誉(又称声誉)是在客体的社会活动范围内，基于所有与客体有过交互行为的实体对该客体行为的评价反馈而得出的综合评价和总体认识，这种综合评价和总体认识是长期形成的结果。信誉是公众给出的对该客体未来行为的一种期望，带有普遍认同性。

3.2.3 信任的特性

信任在人类社会中有很多的特性，信任的度量、评估和预测等都与其属性有关，本文将信任的重要特性概括如下。

1. 领域依赖性

信任是主体对象对客体对象的一种有针对性的判断，与客体对象和特定的上下文相关，即信任不是普适的，与领域相关，在某一方面信任用户 A，不表示在其他方面也信任用户 A。假如用户 A 是计算机领域的专家，当用户 B 需要购买计算机配件时会相信用户 A 在计算机领域方面的观点并可能接收他的推荐，但用户 B 未必会接受用户 A 在音乐领域的观点和推荐。因此信任具有明显的领域依赖性，即 $T_c(u_x, u_y) \neq T_f(u_x, u_y)$，其中，$T_c(u_x, u_y)$表示在领域 c 中用户 u_x 信任用户 u_y，c 和 f 分别表示不同的领域。

2. 弱传递性

在社会关系中，当互不了解的双方通过熟悉的朋友或信任的第三方得到另一方的资讯时更易做出选择。也就是信任在对象之间存在传递性，用户 A 信任用户 B，用户 B 信任用户 C，那么用户 B 可促使用户 C 信任用户 A。但是，信任具有领域依赖性，所以信任的传递是在一定条件下进行的。可形式化地描述为：u_x，u_y，u_z 表示社会网络中的不同用户，$T_c(u_x, u_y)$表示在领域 c 中用户 u_x 信任用户 u_y，若 $T_c(u_x, u_y) \wedge T_c(u_y, u_z)$，则 $T_c(u_x, u_z)$。另外，信任在传递过程中会逐渐减弱，传递过程中间隔的用户越多，信任衰减就越明显。

3. 可度量性

两个对象之间信任强度的大小可以用一个具体的数值来表示。信任的度量方式是建立信任模型的基础，度量方式的合理性决定了信任模型的合理性。许多研究使用离散的布尔型变量表示信任值，1 表示信任，0 表示不信任，而事实上对象之间的信任程度是有强弱区别的，并不是二值的，因此采用一段连续的取值区间作为信任的度量方式更合适。

4. 主观性

社会关系中的信任是指主体对象依据个人评判标准对客体对象是否具有某种能力的主观判断。判断结果会随外界客观因素的变化而变化，如时间、历史经验或上下文环境等。主体对象的评判标准是根据主体的情感体验(如喜好、习惯、个人价值观、思维能力、个人经历等)形成的潜意识的标准。即使外界客观因素相同，面对同一客体用户时，各个用户的信任判断的标准也是不同的，这就导致对客体用户产生不同的信任判断。因此信任是主观的，主体对象对客体对象主观性的期待和判断，受到主体对象判断标准的影响。

5. 多样性

信任的形式具有多样性，信任关系在对象之间可以是一对一、多对一或一对多的形式。

3.3 获取社会网络数据的途径

当今互联网中，社交网络平台种类繁多。社交网络数据的获取途径有多种，有电子邮件、用户注册信息、用户位置数据、论坛和讨论组、即时通讯软件以及社交网站等。从这些途径获取的数据源为我们提供了丰富的社交网络信息，有助于更深入地理解用户的社交行为和习惯。

3.3.1 电子邮件

电子邮件起源于1971年，其历史比互联网还要悠久，它在现代互联网中是不可或缺的社交工具。通过分析用户的联系人列表，研究人员能够深入了解社交网络结构，并进一步通过探究用户间邮件交流的频率来评估用户之间的亲密度。

然而，由于电子邮件系统的封闭性使得研究人员难以获取用户的联系人列表及邮件内容，从而限制了相关的学术研究。因此，对于电子邮件中社交关系的研究仅集中在大型电子邮件服务提供商，如谷歌。在2010年的KDD会议上谷歌发布了一项研究，探讨如何利用Gmail系统中符合隐私保护协议的数据来预测用户间的社交关系，进而为用户推荐潜在好友。

此外，即使无法直接访问邮件内容，研究人员仍然可以通过分析邮箱地址的后缀来挖掘一定的社交关系信息。通常，邮箱地址格式为“name@xxx.xxx”。当用户使用的是公司邮箱时，后缀信息隐含了其所属公司。由此，可通过邮箱后缀推断出用户是否属于同一家公司。如果用户属于同一家公司，那么用户间可能具有潜在的社交联系，从而获得隐性社交关系。鉴于电子邮件系统蕴含了大量的用户社交信息，许多社交网络平台在用户注册时提供了从电子邮件联系人导入好友关系的功能，旨在解决社交网络中的冷启动问题。

3.3.2 用户注册信息

部分网站在用户注册流程中要求提供诸如公司、学校等详细信息。这使得我们能够识别出哪些用户曾在同一家公司任职或曾在同一所学校学习。这些通过注册行为产生的信息也是一种隐性的社交网络数据。

3.3.3 用户的位置数据

IP 地址是网页上最易获取的用户位置信息。更为精确的 GPS 定位数据可通过移动设备获取，如智能手机等。位置信息也是一种用户社交关系的数据。通常，通过查表得到用户访问时的地址。有时这些地址信息仅能定位到城市一级，但在某些情况下，也可以精确到具体的建筑物，如学校的宿舍楼或某家公司。由此，可以合理地假设用户访问时的地址信息位于同一宿舍楼或同一家公司，那么这些用户之间可能存在朋友关系。

3.3.4 论坛和讨论组

论坛是 Web 1.0 的产品，它允许用户在一个讨论区就某一类话题进行讨论。比如，豆瓣上有很多小组，每个小组都包含一些志同道合的人。如果两个用户同时加入了很多不同的小组，那么可以认为这两个用户很可能互相了解或者具有相似的兴趣；如果两个用户在讨论组中曾经就某一个帖子共同进行过讨论，那就更能说明他们之间的熟悉程度或兴趣相似度很高。

在 Web 1.0 时代，论坛是其中一种典型的网络应用，围绕某一特定主题或话题展开讨论。我国的豆瓣平台有许多个小组，每个小组聚集了一群有共同兴趣的用户。如果两个用户同时加入了多个不同的小组，那么可以认为他们之间存在潜在的社会联系或相似的兴趣。如果这两位用户针对同一组中的某一个帖子进行讨论，那么说明他们的兴趣相似度很高或者他们比较熟悉。

3.3.5 即时聊天工具

即时聊天是 Internet 早期的网络应用之一。用户可以使用文字、语言和视频等功能实时交流。即时聊天工具大多与电子邮件系统关联，例如，早期的 MSN 和 GTalk 都依赖电子邮件，QQ 聊天也和 QQ 邮件系统关联。即时聊天工具的用户拥有一个联系人列表，并可对联系人进行分组管理。通过分析联系人列表及分组信息，可获得用户的社交关系网，而用户的聊天频率从一定程度上表明了用户间的熟悉程度。

由于涉及众多隐私问题，大多数用户并不会公开其联系人列表及聊天记录。这使得从即时聊天工具中获取用户的聊天信息及用户联系人列表信息变得非常困难。

3.3.6 社交网站

用户社交关系的获取面临两大挑战。一是由于隐私保护的问题，部分数据难以直接获取；二是尽管某些数据易于获取，但往往属于隐性社交关系数据，难以直接转化为用户之间的显性社交关系。传统的 Internet 应用(如电子邮件系统和即时聊天工具)往往只能与联系列表中的用户交流，限制了用户对更广泛社交圈子的探索。而且用户之间的交流内容通常具有高度私密性，绝大多数用户都不愿意将其公开以作他用。

然而，以 Facebook 和 Twitter 为代表的新一代社交网络的诞生，打破了这一局限。在这些平台上，用户可以创建公开的个人主页进行自我展示，同时赋予用户是否公开好友列表的权限。在这些平台上讨论的话题更多地聚焦于社会热点、图片分享、音乐推荐、视频观看和幽默笑话等公开内容，很少涉及个人隐私，这种开放性为用户社交关系的获取和分析提供了更为丰富的数据来源。

在社交网站上，用户通过关注兴趣相似的好友来获取信息，从而有效避免了接收大量不感兴趣的内容。从这一角度考虑，社交网站一定程度上也减轻了信息过载问题。此外，个性化推荐系统能够利用社交网站公开的用户社交网络和行为数据，协助用户更高效地完成信息过滤任务，更精确地找到与自己兴趣相似的好友，并快速定位到感兴趣的内容。这种机制不仅提高了信息获取的效率，也优化了用户的在线社交体验。

Facebook 和 Twitter 展现了两种不同的社交网络结构，是社交网站的典型代表。在 Facebook 的架构中，用户的好友大多都是现实社会中认识的人，如亲属、同学、同事等，并且这种关系的建立需经双方相互确认。这一网络结构通常被称为社交图谱(Social Graph)，它反映了现实社会中人际关系的网络结构。相对而言，Twitter 的社交模式则呈现出不同的特征，用户间的关注关系更多的是基于对他人言论的兴趣，这种关系通常表现为单向的关注模式。此类网络结构被称为兴趣图谱(Interest Graph)，它体现了基于共同兴趣或信念形成的网络关系。

这两种社交网络结构的分类，实际上可追溯至 19 世纪德国社会学家斐迪南·滕尼斯(Ferdinand Tönnies)的理论。滕尼斯将社会群体分为两类：一类是基于共同兴趣和信念形成的群体，对应于“community”，即“社区”，这类似兴趣图谱；另一类则是由亲属关系和工作关系构成的群体，对应于“society”，即“社会”，这类似于社交图谱。

然而，在现实的社交网络环境中，每个社交网络平台并非单纯属于社交图谱或兴趣图谱。一般认为，Facebook 的用户互动主要基于社交图谱，而 Twitter 则更多地依赖兴趣图谱。但是，即使在 Twitter 或微博这样的平台上，用户也可能因现实生活中有联系而关注某些用户；同时，在 Facebook 中，用户也可能关注现实生活中的亲朋好友。这表明社交网络的结构是复杂而多元的，社交图谱与兴趣图谱往往相互交织，共同构成了用户丰富的社交网络体验。

3.4 基于社交网络的推荐

在当前的互联网环境中，众多在线平台积极利用 Facebook 等社交网络的用户数据来实施社会化推荐系统。视频推荐平台 Clicker 通过获取用户在 Facebook 上的好友信息，将好友偏好的视频内容推荐给用户。同样地，亚马逊网站也借助用户在 Facebook 上的社交网络数据，向用户推荐其好友可能感兴趣的产品。

社会化推荐策略之所以在业界受到广泛重视，主要有两个原因。

(1) 好友推荐可增强推荐结果的可信度。

在社交网络中，用户更倾向于相信那些由朋友直接提供的推荐，这种信赖超越了计算机算法给出的智能建议。以推荐《金陵十三钗》为例，基于物品的协同过滤算法是根据用户过去观看《南京！南京!》的历史来推荐的，而社会化推荐则是根据多位好友对该作品表现出的浓厚兴趣来推荐的。可见第二种方式的依据显得更合理，更能引发用户的兴趣和购买/观看的意愿。

(2) 社会化推荐在解决推荐系统的冷启动问题上展现出了显著优势。

当新用户通过其社交媒体账户(如微博或 Facebook)登录平台时，系统会立即获取他们在社交网络中的好友列表。然后，系统会基于这些好友在平台上的喜好和偏好，为新用户生成个性化的推荐内容。这种策略确保了即便在用户尚未积累足够的行为数据之前，平台依然能够为用户提供准确且高质量的推荐结果，从而有效解决了冷启动问题。

然而，社会化推荐策略在实际应用中也存在一定的局限性。最为突出的是，在离线实验环境中，这种策略对提升推荐结果的准确率和召回率两个指标效果不稳定。特别是在基于社交图谱数据的推荐系统中，用户的社交网络中的好友关系往往并非完全基于共同的兴趣或偏好建立。例如，用户与其父母之间的兴趣往往不同。因此，单纯依赖社交网络中的好友关系进行推荐，可能无法准确反映用户的真实兴趣。另外，由于目前包含社交网络数据和用户行为数据的数据集相对较少，且数据集的多样性和规模有限，本章研究未能通过充分的离线实验，未能进一步验证社会化推荐策略的优势。因此，在评估社会化推荐策略的性能时，需要考虑这些潜在的限制和挑战，并在未来的研究中寻求更为全面和有效的验证方法。

3.4.1 基于领域的社会化推荐算法

给定一个社交网络和用户行为数据集，社交网络详细定义了用户之间的好友关系，而用户行为数据集则记录了不同用户的历史行为和兴趣数据，最直观的推荐算法是基于用户好友的兴趣进行物品推荐。具体来说，该算法假设用户对其好友所喜欢的物品也具有一定的兴趣，用户 u 对物品 i 的兴趣可通过如下公式进行计算。

$$p_{ui} = \sum_{v \in \text{out}(u)} r_{vi} \tag{3-12}$$

式中：

P_{ui}——用户 u 对物品 i 的兴趣；

out(u)——用户 u 的好友集合；

r_{vi}——用户 v 对物品 i 的喜好，$r_{vi}=1$ 表示喜欢，$r_{vi}=0$ 表示不喜欢。

在真实社会中，用户 u 的好友其亲近程度和兴趣偏好可能各不相同，因此在为用户 u 推荐物品时，不仅要考虑其好友集合 out(u)中每个好友对物品的喜好，还需要考虑不同好友与用户 u 之间的熟悉程度和兴趣相似度。具有用户熟悉度的用户兴趣可用如下公式计算：

$$p_{ui} = \sum_{v \in \text{out}(u)} w_{uv} r_{vi} \tag{3-13}$$

其中，w_{uv} 表示用户 u 和用户 v 之间的综合相似度，由用户 u 和用户 v 的熟悉程度和兴趣相似度两部分组成。熟悉程度通过共同好友比例来衡量，兴趣相似度通过用户对物品的喜好或评分来计算。根据生活常识，用户对熟悉好友的推荐更易接受。熟悉程度的计算公式如下：

$$\text{familiarity}(u, v) = \frac{|\text{out}(u) \cap \text{out}(v)|}{|\text{out}(u) \cup \text{out}(v)|} \tag{3-14}$$

然而，生活中往往会出现彼此非常熟悉但其兴趣不同的人群，如父母与子女。因此，还需考虑兴趣相似度。兴趣相似度通过用户喜好物品集合中的重叠程度来衡量。

$$\text{similiarity}(u, v) = \frac{|N(u) \cap N(v)|}{|N(u) \cup N(v)|} \tag{3-15}$$

式中：

$N(u)$——用户 u 喜欢的物品集合；

$N(v)$——用户 v 喜欢的物品集合。

3.4.2 基于图的社会化推荐算法

在构建“用户-物品”二分图模型时，通常使用 $G(V, E)$来表示用户与物品之间的关系。其中，V 表示顶点集合，由用户顶点集合 V_U 和物品顶点集合 V_I 构成，E 为边集合，如果用户 u 与物品 i 之间存在某种行为(如购买、点击、评分等)，则他们之间存在一条边 $e(v_u, v_i)$。图 3-2 所示为“用户-物品”二分图模型，圆形节点代表用户，而方形节点代表物品。当用户节点 A 与物品节点 a、b、d 相连时，表示用户 A 对物品 a、b、d 产生过行为。这样的表示方式直观地反映了用户与物品之间的交互关系，为后续的个性化推荐提供了基础数据。

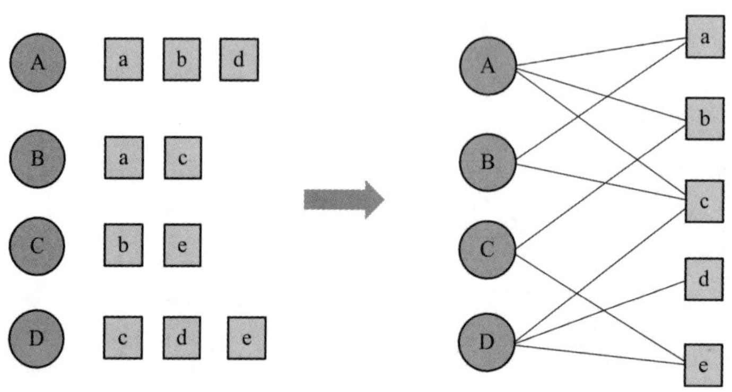

图 3-2 “用户-物品”二分图模型

图模型的一个显著优势在于其能够将多种类型的数据和关系整合到统一的图形表示中。在社交网站中主要存在两种关系：用户与物品之间的兴趣关系以及用户之间的社交网络关系。本节主要讨论如何将这两种关系共同融入图模型中为用户个性化推荐服务。

用户的社交网络可以被形式化为社交网络图，其中节点代表用户，边表示用户间的社交连接(如好友关系)。同时，结合“用户-物品”二分图刻画用户对物品的行为。将这两种图模型进行融合，可同时表示用户之间的社交网络关系和用户对物品的兴趣关系。社交网络图和“用户-物品”二分图的结合模型如图 3-3 所示，用户 A 与物品 a、e 有行为记录，因此用户 A 的节点与物品 a、e 的节点之间存在边；同时，用户 A 与用户 B、D 是好友，因此用户 A 的节点与用户 B、D 的节点之间也存在边。

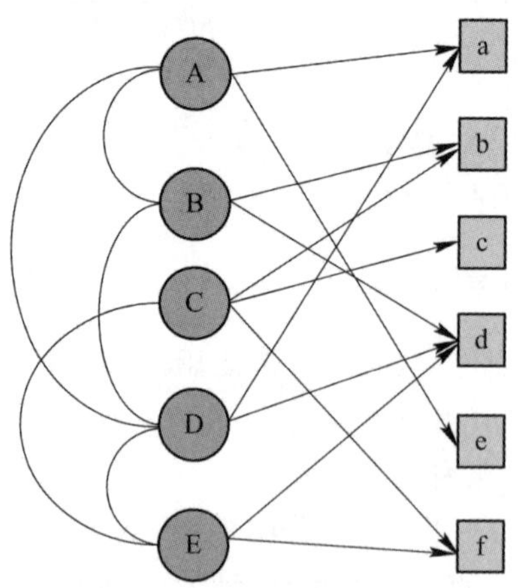

图 3-3 社交网络图和“用户-物品”二分图的结合模型

用户与用户之间边的权重可通过用户相似度(包括熟悉程度和兴趣相似度)的 α 倍进行

量化，而用户和物品之间的边权重可由用户对物品的喜好程度的 β 倍来定义。在不同的应用场景中可以通过调整参数 α 和 β 的值来使之符合具体场景。若要强化用户好友行为对推荐结果的影响，则增大 α 值；若侧重于用户历史行为的影响，则提高 β 值。然后可以利用 PersonalRank 等图排序算法为每个用户生成推荐结果。

在社交网络环境中，还有一种关系模式是社群归属关系(membership)，即用户同属于某一社群(community)。Yuan 等[9]在探讨社会化推荐算法中同时考虑了直接社交网络关系(friendship)和社群归属关系(membership)。为了在图模型中同时体现这两种关系，可以在图中加入代表社群的节点(见图 3-4 中最左侧一列节点)，并通过边表示用户的社群归属。构建完这样的图模型后，即可运用基于图的推荐算法(如 PersonalRank)为用户推荐物品，同时考虑用户间的直接社交网络关系和社群归属关系。

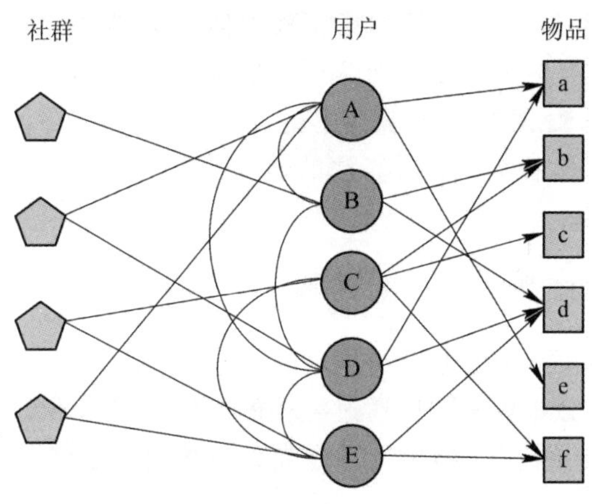

图 3-4　融合两种社交网络信息的图模型

3.4.3　实际系统中的社会化推荐算法

在大型网站中，由于用户数量和用户行为记录的数量庞大，基于邻域的社会化推荐算法需要实时访问用户所有好友的历史行为数据，将所有用户行为数据缓存于内存中是不切实际的，因此通常需要依赖数据库查询，这往往导致查询性能低下。相比之下，基于物品的协同过滤算法因其仅依赖于当前用户的历史行为数据和物品相关表，便能够更高效地在实际环境中实现。

1. 提升推荐算法响应速度的措施

为了提升基于邻域的社会化推荐算法的响应速度，可以从以下两个方面进行改进。

(1) 截取部分数据。在选取用户好友集合时仅考虑相似度最高的 N 个好友，并在查询这些好友的历史行为时限制时间范围(如最近 1 周)。另外，还可以通过降低缓存中用户行为列表过期的频率来牺牲一定的实时性，从而提高查询速度。

(2) 重新设计数据库架构。社会化推荐中的关键操作是聚合用户所有好友的行为数据，并展示给用户。参考微博的信息墙机制，Twitter 通过为每个用户维护一个消息队列，在用户发表新内容时更新关注者的消息队列，从而实现高效的信息传播。虽然这种方法在用户发表新内容时会导致大量的写操作，但 Twitter 通过大量缓存解决了这一问题。

2. 基于 Twitter 架构的推荐系统架构设计

将 Twitter 的架构应用于社会化推荐系统，则可设计一个类似的系统架构。

(1) 为每个用户维护一个推荐列表消息队列，用于存储推荐的物品信息。

(2) 当用户喜欢一个物品时，将该物品信息(包括物品 ID、用户 ID 和时间戳)写入关注该用户的推荐列表消息队列中。

(3) 当用户请求推荐时，从该用户的推荐列表消息队列中读取物品信息，并重新计算每个物品的权重。计算权重时考虑物品在队列中出现的次数、物品对应的用户和当前用户的相似度以及物品的时间戳。同时，根据这些好友的行为数据作为物品的推荐解释。

这种设计能够显著提升社会化推荐算法的响应速度，并在实际系统中实现高效的社会化推荐服务。

3.4.4 社会化推荐系统和协同过滤推荐系统

在评估社会化推荐系统的性能时，尽管 Groh 等[10]的离线实验研究成果提供了有价值的参考，但社会化推荐的效果通常难以通过纯粹的离线实验来准确衡量。这是因为社会化推荐的主要优势不在于提高预测准确性，而是在于依赖用户的好友关系来增强用户对推荐结果的信任度，进而促进用户对非热门项目的接受度。此外，在许多社交网站(尤其是基于社交图谱的平台)中，存在好友关系的用户之间并不一定具有相似的兴趣，这进一步增加了离线评测的难度。因此，研究人员更倾向于采用用户调查和在线实验的方法来评估社会化推荐系统的效果。

在用户调查方面，Sinha 等[11]的研究工作为评估社会化推荐系统提供了代表性的方法和结果。在他们的研究中，共有 19 名参与者，年龄分布在 20 至 35 岁之间，其中 6 名为男性，13 名为女性。9 名参与者有从事互联网技术相关工作的职业背景，10 名参与者从事的工作则与互联网技术无关。

1. 实验步骤

以上参与者需参与评估三个真实网站(Amazon、MovieCritic、Reel)的电影推荐系统和三个真实网站(Amazon、RatingZone、Sleeper)的图书推荐系统。在评估每个推荐系统时，参与者需要遵循如下步骤：

(1) 使用虚假邮箱注册系统，以确保新账号无历史行为记录；

(2) 为新账号下的电影和图书评分；

(3) 查看推荐列表，并在初始推荐不符合兴趣时从网站中搜索至少一个感兴趣的物品(若无法找到，则停止搜索)；

(4) 完成问卷调查。

2. 评估流程

在完成对真实推荐系统的评估后，参与者需进一步评估社会化推荐系统。评估流程包括以下方面：

(1) 提供三个他们认为了解其兴趣的好友的邮箱；

(2) 实验人员随后向这些好友发送邮件，要求他们为参与者推荐三本图书和三部电影，且这些推荐物品不能是参与者之前与他们讨论过的内容；

(3) 参与者将看到好友推荐的书和电影的缩略图及简短介绍，并据此完成调查问卷。

通过这种方法，研究人员能够更准确地评估社会化推荐系统在提高用户信任度和促进冷门推荐接受度方面的实际效果。

Rashmi Sinha 和 Kirsten Swearingen 通过详尽的用户实验过程分析和调查问卷结果，证实了社会化推荐系统在用户满意度方面显著超越了依赖协同过滤算法的真实推荐系统，且引用了亚马逊图书推荐系统与好友推荐系统的对比数据。其中，60%的参与者对亚马逊图书推荐系统表示满意，并认为其为“好的推荐”，而 32%的参与者认为这些推荐“有用”。相比之下，90%的参与者对好友推荐的图书表示满意，并评定其为“好的推荐”，而 78%的参与者认为这些推荐“有用”。这一数据对比清晰地表明，好友推荐在用户满意度上相较于基于协同过滤的 Amazon 推荐系统具有显著优势。

不过，Rashmi Sinha 和 Kirsten Swearingen 也审慎地指出了实验中存在的两个主要问题：一是实验并非双盲设计，这意味着参与者明确知晓哪些推荐结果来源于协同过滤系统，哪些来自他们的好友。这可能会影响参与者的评估。二是实验环境可能无法完全模拟用户的日常行为模式，即参与者在实验室中的行为可能与他们在日常生活中的真实行为存在差异。

此外，鉴于实验样本仅包含 19 名用户，这一结果可能受到样本大小的限制和影响。因此，对于上述结果应持审慎态度，建议在实际系统中进行 AB 测试，以获得更为客观和全面的评估结果。

3.5 给用户推荐好友

在社会化媒体环境中，用户之间的好友关系是构成社会化平台的核心结构。当用户好友关系网络相对稀疏时，可能无法充分感受社会化互动的优势，如信息共享、观点交流和情感支持等。因此，好友推荐是社会化网站的重要应用之一，旨在通过智能算法为用户推荐潜在的、与其兴趣或行为相似的新朋友。好友推荐功能不仅有助于提升整个社交网络的连接密度，还能够有效增加用户的活跃度，促进他们在平台上持续参与和互动。Twitter、LinkedIn 和 Facebook 等著名社交网站均在其界面设计中集成了好友推荐模块，通过直观、便捷的方式向用户展示潜在的社交连接。这一现象表明，好友推荐功能已经成为现代社交网站不可或缺的标准配置，对于促进用户间的社交互动和增强平台吸引力具有至关重要的作用。

在社交网络分析中，好友推荐算法通常被归类为链接预测(Link Prediction)，旨在预测网络中尚未存在但可能在未来形成的节点间关系。Liben-Nowell D 等[12]对社交网络中的用户好友关系预测方法进行了全面而系统的研究，并对各种预测方法进行了深入的比较和分析。

3.5.1 基于内容的匹配

我们可以为用户推荐具有相似内容属性的其他用户作为潜在的好友。这些相似的内容属性通常基于用户的多维度特征进行衡量，常用的内容属性如下：

(1) 用户的人口统计学特征。这一类别涵盖了用户的年龄、性别、职业、教育背景(如毕业学校)以及工作背景(如工作单位)等，提供了用户社会和经济地位的基础信息。

(2) 用户的兴趣偏好。用户的兴趣偏好通常通过其历史行为数据进行分析，例如用户曾经喜欢的物品(如商品、音乐、电影等)以及用户在平台上发布的言论(如评论、帖子等)。这些数据可以揭示用户的兴趣倾向和偏好。

(3) 用户的位置信息。位置信息对于推荐系统同样重要，它可以通过用户的住址、IP地址以及邮编等数据进行获取。这些信息不仅可以反映用户的地理位置，还可能与用户的社交活动和偏好有关，因此在构建用户画像和进行好友推荐时具有潜在价值。

3.5.2 基于共同兴趣的好友推荐

在基于兴趣图谱的社交网络(如 Twitter 和微博等)中，用户的联系主要建立在共同的兴趣爱好之上，而非现实生活中的社会联系。因此，在社交平台上，为用户推荐具有相似兴趣的其他用户作为潜在好友显得尤为重要。

用户的兴趣相似度的计算原理是，若用户对于相同的“物品”(在社交网络中可以理解为内容，如新浪微博、帖子等)表现出相似的喜好(如点赞、评论、转发等互动行为)，则这些用户被认为具有相似的兴趣。人们根据这一理论度量用户的兴趣相似度。例如，在新浪微博中，若两个用户都曾对同一条微博进行评论或转发，则他们的兴趣相似度将得到提升。在 Facebook 中，由于用户产生的“Like”(喜欢)数据丰富，基于用户的协同过滤算法(UserCF)能够更直观地计算用户之间的兴趣相似度。这些“Like”数据为用户兴趣提供了直接的量化指标，使得相似度计算更为精确。

此外，还可以通过分析用户在社交网络中的发言内容，提取兴趣标签，进而计算用户之间的兴趣相似度。这涉及自然语言处理(NLP)技术，如文本分析、关键词提取和文本相似度计算等。

综上所述，利用基于用户的协同过滤算法和文本分析技术，能够有效地在基于兴趣图谱的社交网络中为用户推荐具有相似兴趣的其他用户，从而增强用户的社交体验。

3.5.3 基于社交网络图的好友推荐

在社交网站中，用户间已存在的社交关系构成了社交网络图。基于这个现有的社交网络结构，可以向用户推荐新的好友，通常是通过用户的现有好友来推荐其好友的好友。这种好友推荐算法在学术上通常被称为“基于社交网络的二度好友推荐”或“朋友的朋友推荐”。在腾讯 QQ(或其他类似的社交网络平台)上，这种功能经常被用来帮助用户发现他们可能认识但尚未建立联系的人。尤其是在用户刚开始使用社交网络时，他们的好友数量有限，但这些初始的好友往往与其他的用户有联系，而这些用户可能是用户所认识的但尚未在社交网络上建立联系的人。因此，通过推荐好友的好友，可以有效地帮助用户扩展他们的社交网络，增加他们与可能认识的人建立联系的机会。这种基于社交网络的二度好友推荐算法不仅提高了社交网络的连通性，也增强了用户的社交体验。

本章小结

本章深入探讨了基于社会网络数据的推荐系统，首先明确了社会网络的基本概念、理论基础及其统计特性，为理解社会网络中的用户行为提供了扎实的基础。随后，详细阐述了信任在社交网络中的重要性，包括其概念、组成及特性，强调了信任对推荐质量的关键作用。接着，介绍了多种获取社会网络数据的途径，如电子邮件、用户注册信息、位置数据、论坛、即时聊天工具及社交网站等。最后，重点讨论了基于社交网络的推荐算法，包括领域化、实际系统中的应用，以及与协同过滤推荐系统的对比，并探讨了给用户推荐好友的多种策略，如基于内容的匹配、基于共同兴趣的好友推荐以及基于社交网络图的好友推荐等多种策略，全面展现了社会网络在推荐系统中的应用前景与价值。

本章参考文献

[1] BARABASI A L, ALBERT R. Emergence of scaling in random networks[J]. Science, 1999, 286(5439): 509-512.

[2] WATTS D J, STROGATZ S H. Collective dynamics of 'small-world' networks[J].

Nature, 1998, 393(6684): 440-442.

[3] GILLY M C, GRAHAM J L, WOLFINBARGER M F, et al. A dyadic study of interpersonal information search[J]. Journal of the academy of marketing science, 1998, 26(2): 83-100.

[4] DUNBAR R I M. Neocortex size as a constraint on group size in primates[J]. Journal of human evolution, 1992, 22(6): 469-493.

[5] BONACICH P. Some unique properties of eigenvector centrality[J]. Social networks, 2007, 29(4): 555-564.

[6] FREEMAN L C. Centrality in social networks conceptual clarification[J]. Social networks, 1978, 1(3): 215-239.

[7] LATORA V, MARCHIORI M. Efficient behavior of small-world networks[J]. Physical review letters, 2001, 87(19): 198701.

[8] HAGE P, HARARY F. Eccentricity and centrality in networks[J]. Social networks, 1995, 17(1): 57-63.

[9] YUAN Q, CHEN L, ZHAO S. Factorization vs regularization: fusing heterogeneous social relationships in top-N recommendation[C]//Conference on Recommender Systems. ACM, 2011.

[10] GROH G, EHMIG C. Recommendations in taste related domains: collaborative filtering vs. social filtering[C]//International Acm Siggroup Conference on Supporting Group Work. ACM, 2007: 127-136.

[11] SINHA R, SWEARINGEN K. Comparing recommendations made by online systems and friends[J]. DELOS, 2001, 106(1): 1-6.

[12] LIBEN-NOWELL D, KLEINBERG J. The link-prediction problem for social networks[J]. Journal of the American society for information science and technology, 2007, 58(7): 1019-1031.

第4章 ChatGPT、大模型在推荐系统中的应用

4.1 ChatGPT 与大模型

自2022年11月30日 OpenAI 成功推出 ChatGPT 以来，大语言模型(Large Language Models，LLM)技术已掀起人工智能领域的又一革新浪潮。ChatGPT 在广泛的应用场景中(如自然语言对话、文本摘要、内容生成、问答系统、数学运算与逻辑推理、代码编写等)展现出超越既往算法的卓越性能，在多个维度上达到甚至超越了人类专家的水平，特别是在对话交互中展现出的情感共鸣能力，使得 AI 领域的研究者及公众相信通用人工智能(Artificial General Intelligence，AGI)时代即将到来。

科技巨头、科研机构、高等教育机构纷纷投身大模型技术的研发与应用，一系列专注于大模型技术创新企业迅速崛起，如谷歌的 Bard、Meta 的 LLaMA 等。另外，Midjourney、Jasper、Runway、Inflection AI、Anthropic 等初创企业获得了巨额融资，市场估值飙升至数十亿美元。在国内，百度推出了文心一言，华为推出了盘古大模型，阿里巴巴推出了通义千问，还有众多科研机构也推出了各自的大模型产品(如复旦的 MOSS)。除此之外，李开复、王慧文、王小川等业界领袖都亲自参与大模型技术的研发工作。

大语言模型(LLM)技术广泛应用于搜索、对话交互、内容创作等多个领域，并在推荐系统这一关键领域引发了广泛的研究兴趣与学术探讨。已有大量学术研究聚焦于 LLM 在推荐系统中的应用潜力，LLM 技术有望成为未来推荐系统的核心技术，就像深度学习技术数年前对推荐系统产生的革命性影响一样。

可以预见，随着 LLM 技术的不断成熟与普及，它在各行各业的应用将呈现爆发式增长，其影响力不容小觑。本书涵盖了自2023年以来 LLM 技术的最新进展及其在行业中的实践与应用，特别是在推荐系统领域的实践与应用。

4.1.1 语言模型发展史

语言是人类进行信息传递与思想交流的关键工具。人类自幼年起便开始学习语言这种沟通和交流的技能，并贯穿于个体生命的全程。长久以来，机器未能模拟人类的语言交流及创造性表达能力，因此这一领域就成为学术探索与工业创新的焦点，且面临重重挑战。

然而，随着LLM技术取得突破性进展，实现机器与人类自然语言交互的愿景正逐步变为现实。

在技术层面，语言模型(Language Model，LM)是提升机器语言智能的核心策略之一，其核心目标在于建模单词序列的生成概率，进而预测文本序列中后续或缺失单词的出现概率。这一研究领域在学术界与工业界均受到密切关注与持续投入。下文将对语言模型的四个发展阶段进行系统性梳理，以此揭示大模型技术的演进轨迹。

1. 统计语言模型

20世纪90年代，统计语言模型(Statistical Language Model，SLM)开始发展。其核心思想在于利用马尔可夫假设——即根据近期的文本上下文来预测下一个词语，构建词汇预测机制。此类模型在给定固定上下文长度 n 时，被具体化为 n-gram 语言模型，是具有固定上下文长度 n 的统计语言模型。其中，bigram 和 trigram 模型分别对应于 $n=2$ 和 $n=3$ 的特定实例，展示了从简单到稍复杂上下文依赖性的探索。

SLM在提升信息检索(Information Retrieval，IR)与自然语言处理(Natural Language Processing，NLP)任务效能方面展现了显著价值。但SLM亦面临维数灾难(the curse of dimensionality)的严峻挑战，这一难题限制了高阶(即 n 值较大)模型的实用化，因为高阶模型要求估算的转移概率数量呈指数级增长，导致计算资源与实际可行性之间存在巨大鸿沟。因此，当前的研究与实践多聚焦于 $n=2$ 或 $n=3$ 的情境，即bigram与trigram模型，以平衡模型复杂度与性能表现。

2. 神经网络语言模型

神经网络语言模型(Neural Language Model，NLM)利用神经网络架构来精准建模单词序列的概率分布。在此框架下，文献[1]首次阐述了单词分布式表示的概念，并设计了一个创新的预测模型，该模型以聚合的上下文特征为条件，即以分布式单词向量为条件对后续单词进行预测。通过不断拓展和优化从单词或句子中提取有效特征的方法论，Collobert等[2]成功开发出了一种泛化的神经网络框架，此框架旨在提供一个统一的解决方案，以应对自然语言处理(NLP)领域内多样化的任务需求。这一成果标志着NLP技术向更高层次的通用性和集成性迈出了重要一步。word2vec模型[3-4]通过构建一个浅层的神经网络结构，实现了对单词分布式表示的高效学习，该模型在广泛的NLP任务中展现出卓越的性能与实用性。word2vec的成功实践不仅巩固了语言模型在表示学习领域的新角色(超越了传统的单词序列建模范畴)，而且深刻影响了NLP研究的方向与范式，推动了整个领域的持续进步与发展。

3. 预训练语言模型

预训练语言模型(Pre-trained Language Model，PLM)作为先驱性的探索，其中最著名的是ELMO模型[5]，该模型通过预训练一个双向LSTM(BiLSTM)网络，针对具体下游任务进行精细化调整，以实现更精准的语义捕捉。ELMO 模型可捕捉从上下文感知的单词，打破了传统的固定单词表示的局限。

BERT(Bidirectional Encoder Representations from Transformers)模型[6]的提出标志着语言学习的新纪元。BERT 基于 Transformer 架构[7]，该架构凭借自注意力机制实现了高度的并行化处理。通过在海量未标注语料上进行双向语言模型的预训练，并结合一系列精心设计的预训练任务，BERT 成功获得了深度上下文感知的单词表征，这些表征作为通用且强大的语义特征，显著提升了各类 NLP 任务的表现。这些研究激起了广泛的研究热潮，更是确立了"预训练-微调"这一学习范式的研究思路。在此范式下，涌现出了众多预训练语言模型变体，有的采用不同的架构(如 GPT-2、BART 等)，有的引入创新的预训练策略，以进一步优化模型的性能与适应性。为了适应多样化的下游任务需求，对预训练语言模型进行有针对性的微调已成为普遍做法，这有效促进了模型在不同应用场景中的适用性。

4. 大语言模型

扩展预训练语言模型(Pre-trained Language Models，PLM)的模型规模或数据规模，显著增强了模型在下游任务中的容量，也就是增强了模型预测能力的潜在上限。这一趋势促进了对超大规模模型的探索，如 GPT-3 和 PaLM，通过不断增大规模来逼近性能的极限。尽管这些模型在架构与预训练任务上保持相似性，其规模的扩张却导致了与小型 PLM 截然不同的行为模式，特别体现在解决复杂任务时展现出的"能力涌现"现象，该现象标志着模型在能力上显著提升[8]。例如，GPT-3 通过上下文学习(In-Context Learning，ICL)在少量样本(few-shot)任务中表现出色，而 GPT-2 的效果却不尽如人意。因此，学术界引入了大语言模型(LLM)，专门指代参数规模达到或超过 100 亿(10B)的模型，这已成为业界界定大模型的标准阈值。为激发 LLM 的新能力，模型参数量可能需要进一步扩展。

LLM 与 PLM 之间的核心差异可归纳为三个方面。首先，LLM 展现出前所未有的能力，这些能力在小型 PLM 中未曾显现，它们对于语言模型在复杂任务中的高效表现至关重要，极大地增强了人工智能算法的效能与实用性。其次，LLM 的引入预示着人类与人工智能算法交互方式的根本性变革。不同于小型 PLM，访问 LLM 主要通过提示接口(如 GPT-4 API)或自然语言对话的形式进行，这就要求用户需深入理解 LLM 的工作机制，并以模型能理解的方式构建任务指令。最后，LLM 的发展模糊了研究与工程之间的界限。构建 LLM 不仅需要深厚的理论基础，更需要在大规模数据处理、分布式计算与并行训练等方面丰富的实践经验。因此，为开发高价值的 LLM，研究人员需直面复杂的工程挑战，要么与工程师紧密合作，要么自身具备强大的工程能力。

在人工智能领域，LLM 正在进行一场深刻的变革，ChatGPT 与 GPT-4 的兴起促使学术界与工业界对通用人工智能(Artificial General Intelligence，AGI)的可行性与实现路径展开了新的讨论与研究。OpenAI发布的“Planning for AGI and Beyond”中详细陈述了AGI的短期与长期计划，部分学者甚至将GPT-4视为AGI的雏形。随着LLM的迅猛发展，人工智能的研究正经历着革命性的重构。在自然语言处理(NLP)领域，LLM已逐渐演化为一种泛化的语言任务解决方案，推动了研究范式的根本性转变，聚焦于LLM的优化与应用拓展。在信息检索(IR)领域，传统搜索引擎正面临由AI聊天机器人(如ChatGPT)引领的新型信息获取模式的挑战，而New Bing的推出则标志着基于LLM增强的搜索结果探索的初步成功。此外，在计算机视觉(CV)领域，研究者们正致力于开发视觉-语言模型，旨在实现多模态对话系统性能的飞跃，类似于ChatGPT在NLP领域的成就。

尽管LLM取得了显著进展且影响广泛，但仍需对其基本原理与机制进行深入探究。第一，为何涌现能力仅在LLM中出现，而预训练语言模型(PLM)中却没有出现？这就要求我们对LLM卓越能力的关键因素进行深入探索，明确其能力获得的时机与机制，对推动AI研究具有重要意义。第二，LLM的研发门槛高，对资源的需求极为苛刻，包括海量数据、高性能硬件、精湛的工程能力以及巨额资金投入，这严重限制了小型研究机构参与LLM的研发。当前，LLM的研发主要由大型科技公司主导，且诸多关键的训练细节(如数据收集与处理流程)对外保持封闭状态，使得资源分配的不均衡进一步加剧。第三，确保LLM与人类价值观和偏好的一致性。尽管LLM表现出了强大的能力，但其输出内容可能包含错误的、虚假的或有害的信息，这对社会安全与伦理构成了潜在威胁。因此，开发有效的控制机制与监管框架以消除使用LLM的潜在风险，是当前研究的重要方向之一。

4.1.2 大模型核心技术简介

1. 预训练技术

在无监督学习框架下，针对给定的token语料库 $u=\{u_1, u_2, \cdots, u_n\}$，通过最大化标准语言建模目标函数的似然函数来优化模型参数：

$$L_1(u) = \sum_i \log P(u_i \mid u_{i-k}, \cdots, u_{i-1}; \Theta) \tag{4-1}$$

其中，k 表示模型基于前 k 个token来预测当前token。条件概率 P 通过 Θ 参数的神经网络模型进行建模，该模型通常采用多层Transformer解码器架构，语言模型(P)的实现源自Transformer的变体，详见文献[9]。此预训练过程无须依赖标注数据，而是直接利用海量文本数据进行学习，通过随机梯度下降算法迭代更新模型参数。预训练为大规模语言模型(LLM)奠定了坚实的语言理解和生成能力基础。预训练语料库的广泛性和质量对于LLM能否获得强大的语言处理能力具有决定性影响。为了有效执行LLM的预训练，一系列前置步骤不可缺少，包括数据的收集、预处理以及模型架构的精心设计。此外，为了加速训练过程并优化模型性能，还需采用先进的模型加速技术和优化策略。通过在大规模、高质量语料库上的无监督预训练，LLM能够学习丰富的语言知识，从而为后续的任务迁移和适应提供有力的支撑。

2. 微调技术

在预训练阶段之后，LLM 已经具备了处理多种任务的基本能力。为了进一步提升模型在特定任务或领域内的表现，需对预训练模型进行微调，这是一个监督学习的过程。本章文献[10-11]详细介绍了微调指令。微调过程依赖标记的数据集 C，其中每个实例包含一系列输入 tokens 序列 x^l，…，x^m 及对应的标签 y。用式(4-1)中的目标函数训练模型，通过优化目标函数进行调整。具体地，将 tokens 序列 x^l，…，x^m 输入预训练模型，模型输出最后一个隐藏层的激活函数 h_l^m，该激活函数随后被用作一个附加的线性输出层(参数为 W_y)的输入，以预测标签 y。在多分类任务场景中，该输出层采用 Softmax 函数以输出概率分布 $P(y \mid x^l, \cdots, x^m)$。

$$P(y \mid x^l, \cdots, x^m) = \text{Softmax}(h_l^m W_y) \tag{4-2}$$

微调的目标是最大化似然函数 $L_2(C)$，该函数能够衡量模型在所有样本上的预测准确性：

$$L_2(C) = \sum_{(x,\ y)} \log P(y \mid x^l, \cdots, x^m) \tag{4-3}$$

为了进一步提升模型的泛化能力和加速收敛过程，将语言建模作为辅助任务纳入微调过程是一种有效策略。通过结合原始的语言建模目标 $L_1(C)$ 与监督学习任务的目标 $L_2(C)$，形成复合目标函数 $L_3(C)=L_2(C)+\lambda * L_1(C)$，其中 λ 是用于平衡两个目标的权重参数。

对于大模型而言，指令微调和对齐微调是两种独具特色的微调策略。指令微调旨在通过特定的指令数据集来增强或解锁 LLM 的潜在能力，使其能够更好地理解和执行多样化的任务指令。而对齐微调则侧重于调整 LLM 的行为，使其输出更加符合人类的价值观、道德标准或特定偏好，从而实现模型行为与人类期望的高度对齐。这两种微调策略共同构成了大模型适应复杂多变的应用场景的关键技术路径。

(1) 指令微调。

在深度学习领域，相较于广泛应用的预训练范式，指令微调展现出了一种更为高效且有针对性的优化策略，尤其适用于数据资源相对有限(即中等规模样本集)的场景。指令微调作为一种监督式训练技术，其核心差异在于其训练目标、优化策略以及执行环境的特定配置，如采用序列到序列的损失函数及调整批处理大小和学习率等参数，以实现更为精细化的模型调整。

本质上，指令微调聚焦于利用以自然语言清晰表述的、结构化的样本集合，对预先训练的大语言模型(LLM)进行定制化微调。这一过程的关键前提在于构建或收集符合特定指令格式的监督数据集，随后通过该数据集以监督学习机制驱动 LLM 的进一步优化。值得注意的是，经过指令微调后的 LLM 在未知任务上的泛化能力显著提升，即便是在跨语言环境中亦能展现出卓越的性能。

指令微调的实施框架可概括为两大核心步骤：一是监督数据集的精心构建，该步骤需遵循一定的格式化标准以确保数据的有效性与一致性；二是基于所构建的数据集，对大型语言模型执行微调操作。

至于监督数据集的构建策略，学术界已探索出多种有效途径，例如，基于现有开源的自然语言处理(NLP)数据集进行筛选与改造，依赖专家团队的手工编写，以及利用高级别语言模型自身的生成能力来辅助生成高质量样本。这些方法各有千秋，具体选择需依据实际应用场景、数据可获取性及资源投入等因素综合考虑。本章文献[12]对此进行了详尽的论述，提供了宝贵的实践指导与理论支撑。

(2) 对齐微调。

在自然语言处理的领域中，大语言模型(LLM)已展现出卓越的性能与广泛的应用潜力。然而，这些模型在生成内容时可能会有一些非预期行为，如编造不实信息、追求不当目标及产生有害、误导性或偏见性言论，引发了对其与人类价值观一致性的深刻关切。传统的基于 token 预处理的预训练策略，虽能优化模型参数，却往往忽视了人类价值观与偏好的嵌入，进而促进了“人类对齐”(human alignment)概念的兴起，使 LLM 的行为更加贴近人类的期望与标准。人类对齐方法，作为一种新兴范式，与传统的预训练及微调(如指令微调)存在显著差异，其核心在于引入一套全新的评估与调整标准，如有用性、诚实性与无害性，这些标准超越了单一的性能指标，对 LLM 的社会责任与伦理边界提出了更高要求。然而，值得注意的是，这一追求对齐的过程往往伴随着所谓的“对齐税”(alignment tax)，即 LLM 在某些非对齐优化任务上的性能可能会受到一定程度的削弱。

为了系统地规范 LLM 的行为，研究者们制定了多样化的对齐标准，涵盖了行为表现、内在意图、激励机制及模型特性等多个维度，这些标准虽各有侧重，但在技术实现层面多呈现出相似的处理逻辑。其中，有用性、诚实性与无害性作为三大核心标准，已成为衡量 LLM 对齐程度的重要标尺。为有效促进 LLM 与人类价值观的深度融合，基于人类反馈的强化学习(Reinforcement Learning from Human Feedback，RLHF)策略应运而生。该方法通过收集并整合人类对于 LLM 生成内容的直接反馈，利用强化学习算法(如 PPO)对模型进行微调，旨在构建一个既符合人类偏好又具备高度对齐性的 LLM 系统。在这一过程中，人类被直接纳入模型的训练循环，成为塑造模型行为的关键力量，如 InstructGPT 便是这一理念的杰出实践。

RLHF 框架[13-14]由三大核心组件构成：待对齐的预训练语言模型(LM)、基于人类反馈训练的奖励模型(RM)以及用于模型优化的强化学习算法。预训练 LM 作为生成能力的基石，其初始化参数通常源于成熟的 LLM；奖励模型则负责将人类对于文本生成质量的偏好转化为可量化的标量值，为模型优化提供明确指导；而强化学习算法则负责根据奖励模型的反馈，不断调整预训练 LM 的参数，以实现模型行为的持续优化。

RLHF 工作流程分三步：第一步，利用预训练的 LM 作为起点，确保其具备基本的生成能力；第二步，通过收集并处理人类对于模型生成内容的反馈，训练出能够准确反映人类偏好的奖励模型；第三步，借助强化学习算法，利用奖励模型的反馈信号对预训练 LM 进行微调，直至模型行为达到与人类期望的高度一致。这一过程不仅体现了技术上的创新，更蕴含了对 AI 伦理与社会责任的深刻思考。

3. 应用

在大语言模型完成预训练或适应性优化之后，设计有效的提示策略是至关重要的，这不仅能够帮助模型更好地理解任务需求，还能引导模型生成更加准确和有用的回答。上下文学习、思维链和规划这三种典型的提示策略都是提升 LLM 性能的重要方法。

(1) 上下文学习(In-Context Learning，ICL)。

上下文学习[15]是一种向 LLM 提供自然语言文本描述或示例来指导其完成任务的策略。这种方法利用 LLM 的泛化能力和对自然语言的理解，通过构建与任务相关的上下文环境，帮助模型理解并解决问题。例如，在问答任务中，可以提供一个或多个问题－答案对的示例，让模型学习如何从问题中提取关键信息并生成合适的答案。

具体而言，上下文学习首先明确界定任务目标，随后从任务相关的数据集中进行 few-shot 学习(即选出若干代表性样本)或 zero-shot 学习(不选择样本)。假如进行 few-shot 学习，这些样本作为任务的具体实例，被组织成一种模板化的形式，旨在通过自然语言的表述构建一个易于 LLM 理解的上下文环境。接着，将这些样本按照某种顺序整合嵌入到这个模块化的上下文中，形成模块化的自然语言提示，随后将待测试的查询实例作为输入提供给 LLM。在接收到这一提示后，LLM 能够利用其内在的语言理解和泛化能力，结合任务示例中蕴含的模式与规则，对新的查询实例进行解析并执行相应的任务。这一过程展示了 LLM 在情境学习框架下的强大适应性，即能够在不提供额外训练数据或模型更新的条件下，仅凭少量或零个示例即可快速适应并执行新任务。

(2) 思维链(Chain of Thought，CoT)。

思维链[16]是一种在提示中插入一系列中间推理步骤的技术，旨在引导 LLM 进行更细致、更有条理的思考过程。在提示中明确列出解决问题所需的步骤或思路，可以显著提高模型在复杂推理任务上的表现。例如，在解决数学问题时，可以首先列出解题的大致步骤，然后让模型逐步推导出答案。这种方法不仅有助于模型生成更准确的答案，还能提供可解释的推理路径，增强用户对模型输出的信任。

本节旨在讨论 ICL 与 CoT 推理方法的结合机制，以及 CoT 提示在何种条件下有效及其原因。CoT 与 ICL 的结合主要分为少样本 CoT(few-shot CoT)与零样本 CoT(zero-shot CoT)两种模式，它们各自在提升 LLM 的推理能力上展现出独特的优势。

少样本 CoT 作为 ICL 的一种高级形式，通过在传统〈输入，输出〉对的基础上增加 CoT 推理步骤，即形成〈输入，CoT，输出〉三元组，显著增强了 LLM 在复杂任务中的理解和执行能力。精心设计的 CoT 提示对于激发 LLM 的深层推理机制至关重要，不仅为模型提供了解决问题的框架，还促进了模型内部推理路径的多样性和复杂性。实验表明，引入多个 CoT 推理路径的提示策略能有效提升 LLM 的学习效率和准确性，但这种方法高度依赖预先标注的 CoT 数据集，从而限制了它在实际应用中的广泛适用性。

为应对这一挑战，研究者提出了 Auto-CoT 方法，该方法利用零样本 CoT 策略自动生成推理步骤，从而避免了对手动标注数据的依赖。这一创新不仅简化了数据准备流程，还进一步推动了 LLM 在自主推理能力上的发展。

零样本 CoT[17] 在提示中完全排除了人工标注的任务示例，转而依赖 LLM 自身的生成能力来直接产出 CoT 推理路径及最终答案。该策略的核心在于通过“让我们一步一步思考”的引导性提示激发 LLM 的内部推理机制，随后再通过“因此，答案是”的提示促使模型输出最终结论。这一方法不仅简化了推理过程，还揭示了 LLM 在达到一定规模后所展现出的涌现能力，即模型能够在没有显式训练数据的情况下自发地执行复杂推理任务。然而，这种零样本 CoT 的有效性高度依赖 LLM 的模型规模，对于小型模型而言效果有限，这进一步强调了模型规模与涌现能力之间的紧密联系。

(3) 规划(Planning)。

在人工智能领域，尽管上下文学习(ICL)与链式思维(CoT)提示的概念因其简洁性和通用性而广受关注，但面对如数学推理和多跳问答等复杂任务时，其局限性就逐渐显现出来。为克服这一局限性，基于提示的规划(Prompt-Based Planning，PBP)方法[18]应运而生，该方法将复杂任务分解为一系列简单易于管理的子任务，并生成执行这些子任务的行动计划的方法。在利用 LLM 进行复杂任务处理时，规划技术尤为重要。通过规划，可以将原本看似难以处理的大问题拆解成多个可管理的小问题，然后逐个解决。这种方法不仅降低了任务的难度，还提高了解决问题的效率和准确性。

PBP 方法由三部分构成：任务规划器(Task Planner)、计划执行器(Plan Executor)以及环境(Environment)。任务规划器通常由大语言模型(LLM)担任，其核心功能在于根据给定的目标任务生成全面的行动计划。这些计划可以表现为多种形式，包括但不限于自然语言描述的动作序列或编程语言编写的可执行脚本，旨在详细指导任务的解决过程。计划执行器负责将任务规划器生成的行动计划转化为实际的操作行为。根据任务性质的不同，计划执行器可以是面向文本任务的 LLM 模型，也可以是专门设计的用于执行特定任务的物理机器人或其他自动化设备，其关键在于准确理解并执行计划中的每一个步骤，确保任务能够按照既定路径顺利推进。环境作为计划执行器运作的场所，对任务的执行过程产生至关重要的影响。环境的设置需根据具体任务的需求进行定制，既可以是 LLM 模型内部的虚拟环境，也可以是如 Minecraft 等外部虚拟世界，甚至是现实世界中的物理空间。环境通过向任务规划器提供关于动作执行结果的反馈(以自然语言、视觉信号或其他多模态形式呈现)，使得整个规划—执行—反馈循环得以闭合，从而实现对复杂任务处理过程的持续优化。

4.1.3 大模型的应用场景

1. 内容生成

在数字化时代，内容生成已跨越传统界限，涵盖了文本、图像、视频、音频乃至代码等多个维度，同时，还延伸至对既有内容的深度处理，如文本摘要与多媒体信息提取。下面从五方面进行阐述。

(1) 文本生成。

大模型在文本生成领域的表现尤为亮眼，它能够根据用户输入的简短提示，快速产出多样化的内容，从创意营销文案到专业领域的深度文章，再到运营策略与观点阐述，无不展现出其强大的创作能力。这一变革对文字工作者群体产生了深远影响，不仅为他们提供了丰富的创作灵感与初步稿件，还显著提升了工作效率。尽管目前生成的内容仍需人工审核与优化，但大模型无疑已成为文字工作者不可或缺的创意伙伴。

(2) 内容摘要提炼。

大模型在内容摘要方面的应用，实现了对海量信息的快速筛选与核心观点的精准提炼。无论是冗长的学术论文、复杂的新闻报道，还是丰富的视觉资料，大模型都能凭借其强大的理解能力，生成简洁明了的摘要，帮助用户迅速把握要点。这一功能对于科研工作者提升科研效率具有重要意义。

(3) 图像生成。

随着技术的进步，大模型在图像生成领域也取得了突破性进展。从基于文字描述的图像创作，到图片风格的迁移与相似图片的生成，大模型展现了无限的创意潜力。Midjourney、Stable Diffusion 等平台的成功，不仅证明了技术的可行性，更预示了图像创作行业的新一轮变革。图 4-1 所示为 Midijourney AI 绘画展示大模型生成的图像，以其高度的真实感与艺术性，被广泛应用于文章配图、广告宣传、影视制作等多个领域，对传统绘画与设计行业构成了巨大挑战。

(4) 视频生成。

大模型技术的飞跃已使其能够依据简洁的文本描述，编织出栩栩如生的视频画面。尽管当前在视频时长与清晰度上仍存在优化空间，但这一突破已足够令人瞩目。Runway 等先驱企业的实践，展示了视频生成技术在创意激发、品牌宣传、教育普及、影视制作及游戏开发等领域的无限潜力，图 4-2 所示为 Runway 公司开发的 AI Sorabot 生成的视频。特别是生成的那些展现海底生物生态的视频，其细腻逼真的效果，不仅震撼了观众，更预示着视频创作新时代的到来。这些技术的应用将极大地加速内容创作流程，提升各行业的生产效率与创意表达。

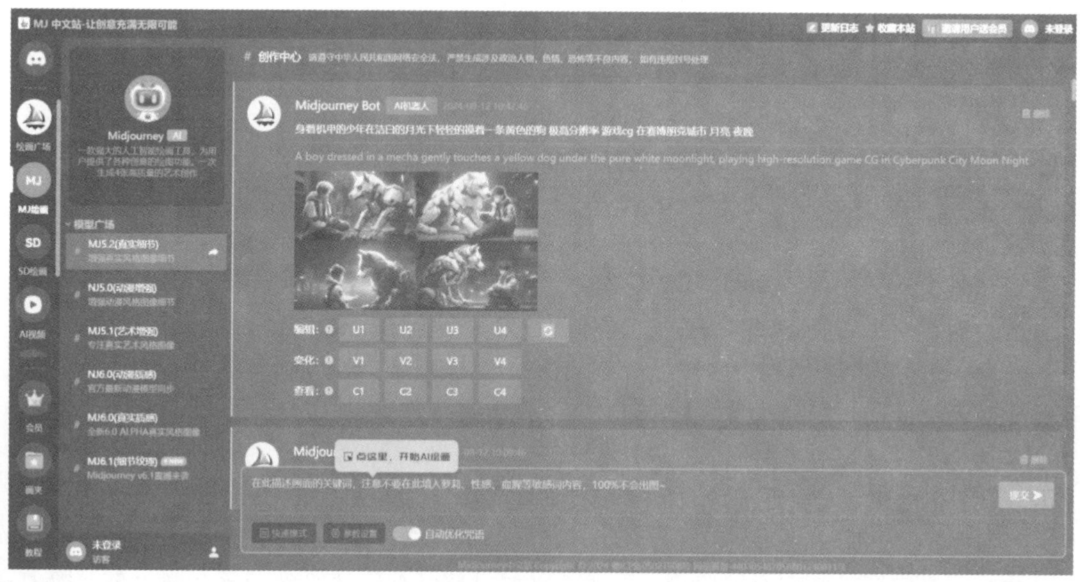

图 4-1　Midijourney AI 绘画

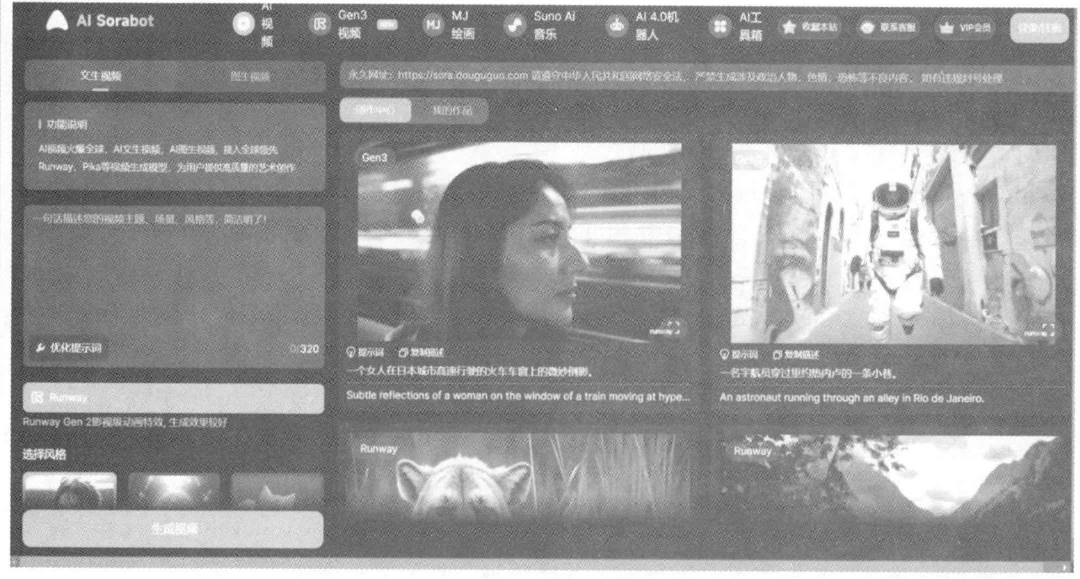

图 4-2　AI Sorabot 生成的视频

(5) 代码生成。

大模型开启了编程自动化。经过大量代码数据的滋养，大模型已具备了代码纠错、故障排查乃至自动编写代码的能力。GitHub 上的数据显示，高达 30%的新增代码得益于 AI 编程工具 Copilot 等智能助手的协助，这一比例彰显了 AI 在编程领域日益增长的影响力。随着技术的持续进步，Meta 的 Code LLaMA 等新型代码大模型不断涌现，预示着未来更多低门槛的编程任务或将由机器承担，从而对初级至中级程序员的岗位构成显著威胁。然而，这也为程序员群体带来了新的机遇，促使他们向更高层次的创新能力与问题解决能力迈进。

2. 问题解答

大模型以其卓越的问题解答能力，在知识探索、科学计算以及逻辑推理等多个维度展现出强大的实力。自 2023 年 3 月 GPT-4 发布以来，其官方声明强调了该模型在各类标准化考试(如 SAT)及竞赛中的表现达到了人类顶尖水平，这一成就标志着 AI 在理解复杂问题并给出精准答案方面迈出了重要一步。

问题解答技术的应用场景极为广泛，从传统的教育测试到现代的学习辅助，再到法律咨询、心理咨询、职业规划、医疗诊断及投资理财等各个领域，大模型都展现出了巨大的应用潜力。这些应用不仅提升了信息获取的效率，还促进了专业服务的智能化与个性化发展。然而，尽管大模型在多个方面取得了显著进步，但在实际应用中仍面临诸多挑战。特别是在医疗、法律等对专业性和准确性要求极高的领域，大模型的回答需要专家进行最终的审核与确认。这反映出当前 AI 技术在处理复杂、专业问题时仍存在一定的局限性，其相关技术仍需不断完善与提升。

3. 互动式对话

ChatGPT 作为前沿的对话技术，其核心在于模拟人类交流的细腻与智能，类似我们熟知的智能聊天伴侣(比如曾引领风潮的微软小冰)，其卓越的情商与智慧预示着智能对话领域巨大的市场潜力。这种互动式对话技术，实质上是通过集成内容创作、精准问答及外部资源(如搜索引擎)的无缝整合，革新了人机交互的方式，为众多行业与场景注入了新的活力。

在实际应用层面，智能客服是互动式对话技术最直观的落地场景。不论是电话渠道的营销与客服支持，还是在线平台(如电商平台淘宝)上的初步交流，大模型驱动的对话系统都能有效提升服务效率与用户体验。这类应用广泛渗透于医疗咨询、财务规划、法律咨询等多个垂直领域，实现了高效、精准的个性化服务。

此外，互动式对话还通过硬件设备的融合，进一步拓宽了应用场景。从平板学习机到智能家居音箱，再到各类服务型机器人，这些设备在搭载先进对话技术后，能够在老人陪伴、儿童看护，乃至个人生活伴侣等领域发挥重要作用，展现出了广阔的市场前景。

互动式对话技术在虚拟形象或数字人领域的应用前景同样广阔。结合先进的人体动作模拟、文本到语音(TTS)技术，大模型能够驱动栩栩如生的数字人，将其应用于视频制作、在线教育、金融保险等领域的直播与教学内容之中。甚至在热门的直播带货领域，数字人也正逐步成为降本增效的新选择，众多创新企业正积极探索这一领域的无限可能。

4. 生产力工具/企业服务

在探讨生产力工具与企业服务的革新时，不得不提及大模型技术如何为传统工具注入新的活力。从日常办公工具——Excel、Word、PPT 到专业的 Photoshop 与代码编辑器，这些工具在融合大模型技术后正逐步迈向智能化。

以微软于 2023 年 3 月 16 日推出的 Microsoft 365 Copilot 为例，这一创新产品集成了 GPT-4 的强大能力，不仅实现了文字与图片的自动生成，还涵盖了内容提炼、数据分析乃至辅助决策等高级功能，极大地提升了办公效率与创造力。同年 7 月 6 日，金山云也推出了 WPS AI，作为中国协同办公领域的先锋，它展现了类 ChatGPT 应用的广阔前景，这标志着智能办公新时代的到来。

再看企业服务领域，阿里巴巴集团在 2023 年春季钉峰会上，将钉钉平台接入通义千问大模型，现场演示了仅通过输入特定符号即可激活的多样 AI 功能，这预示着企业工具与大模型深度融合的无限可能。钉钉已规划将这一融合策略应用于数十个场景，致力于全面重构并优化企业工具体系。同样，企业微信、飞书等系统对于大模型的创新应用正蓄势待发，预示着企业服务市场的深刻变革。

阿里巴巴的前 CEO 张勇提出，未来所有云上应用均值得借助大模型进行重塑，这一观点迅速成为行业共识。阿里云、百度云、华为云、腾讯云及火山引擎等国内云计算巨头，纷纷推出了基于大模型的云上生产力工具及完整服务，涵盖了算力支撑、模型训练、服务部署到上层应用的全链条解决方案。

随着云厂商与创业公司的不断探索，大模型技术在金融、医疗、法律、零售、制造等垂直行业的应用前景愈发广阔，大模型技术成为企业智能化转型的关键驱动力。未来十年乃至更长时间内，这一领域将持续涌现出创新应用与商业机会。对于关注大模型企业服务的读者而言，紧跟行业动态，把握技术前沿，将是把握未来机遇的关键所在。

5. 特定硬件终端上的应用

在探讨大模型技术的广泛应用时，智能手机、智能驾驶汽车以及实体机器人作为智能终端的代表，正逐步成为该技术的前沿阵地。

首先，智能手机作为日常生活中不可或缺的智能设备，其与大模型的融合已初露端倪。华为小艺智能助手率先通过大模型升级，实现了更加智能化、人性化的交互体验，预示着智能手机将迈入新的智能时代。小米等厂商亦在积极探索将大模型技术引入手机的可能性，无论是智能助手的升级，还是优化本地搜索等功能，都将是未来发展的重要方向。而作为科技巨头，苹果公司的生成式应用研究同样值得关注，特别是 Siri 在大模型赋能下的革新，将为用户带来前所未有的智能体验。

在智能驾驶领域，特斯拉 FSD V12 的发布标志着大模型技术在汽车自动驾驶领域的重大突破。这一基于 Transformer 架构的端到端 L4 级自动驾驶系统，通过大规模深度学习模型直接学习驾驶操作，无须依赖复杂的规则策略控制代码，且能在车辆内部独立运行，无需网络连接。FSD V12 的成功应用，不仅展示了大模型在自动驾驶领域的巨大潜力，也揭示了未来智能汽车的发展方向。其训练过程中所使用的庞大 GPU 集群，进一步凸显了算力对于大模型技术发展的重要性。

此外，大模型在实体机器人领域的应用同样引人注目。谷歌推出的基于 RT-2 技术的人形机器人，以及华为前员工稚晖君研发的“远征 A1”机器人，均展现了大模型在机器人控制方面的独特优势。这些机器人能够通过端到端学习，理解自然语言指令并执行复杂任务，如识别并抓取特定物体，甚至包括理解并对应已灭绝动物模型这样的高级认知任务。这些应用不仅展示了大模型在机器人领域的广阔前景，也为未来智能机器人的发展提供了新的思路和方向。

6. 搜索推荐

微软最早将大模型应用于搜索领域。微软凭借独到的眼光，成功获得了 OpenAI 大模型系列能力的独家商业授权，这一举措迅速在科技界引发了连锁反应。紧接着 ChatGPT 问世，微软迅速行动，宣布将这一前沿技术融入其必应搜索引擎，旨在挑战并分食长期由谷歌主导的搜索市场份额。

大模型的引入，标志着搜索引擎技术的一次根本性变革。传统搜索引擎依赖对互联网海量信息的索引与关键词匹配排序，而大模型则颠覆了这一模式，它预先对全球知识进行深度压缩与理解，当用户输入查询时，能够即时生成与之高度相关且富有创造性的内容，该过程融合了压缩知识的重组与生成式创新的双重特性。这一转变，实质上是将搜索的底层逻辑从判别式建模推向了更为先进的生成式建模，为用户带来了前所未有的搜索体验。

面对微软 Bing 的这一强势举措，谷歌感到了前所未有的压力，并迅速响应，推出了 Bard 作为对抗武器，同时加速将大模型技术融入其搜索系统的各个层面，以巩固并扩大其市场地位。在国内，百度、360 等科技巨头也紧跟潮流，纷纷推出自家的大模型产品，并积极探索大模型与搜索业务的深度融合，力求通过技术创新实现搜索服务的迭代升级。

大模型在推荐系统领域同样展现出巨大的应用潜力。推荐系统通过深度挖掘用户的历史行为数据，构建用户兴趣模型，进而预测并推荐符合其偏好的内容或服务。大模型作为这一过程中的强大工具，能够接收用户过往行为作为输入，然后输出精准的未来行为预测，为推荐系统的智能化、个性化发展开辟了新的路径。关于大模型在推荐系统中的具体应用，将在 4.2 节中深入探讨。

4.2 大模型在推荐系统中的应用

预训练语言模型(如 BERT、T5、GPT 及 LLaMA 系列)随着其参数规模的急剧扩张，展现出了前所未有的“能力涌现”特质[8]。这一现象标志着模型不再局限于简单任务的处理，而是能够执行复杂推理、自主知识发现乃至通用常识理解等高阶任务，从而真正迈入大模型时代。这些能力的解锁不仅为学术界带来了深刻的启示，也为工业界尤其是推荐系统领域开辟了全新的应用路径。

能力涌现的发现是人工智能发展历程中的一个重要里程碑，它意味着经过海量数据积累与精心预训练的大模型已不仅仅是处理特定任务的工具，而是具备了更广泛适应性和更高灵活性的智能体。这种通用性使得大模型能够轻松迁移至包括推荐系统在内的多种下游任务中，应用潜力巨大。

鉴于大模型在通用能力上的卓越表现，人们自然会思考：是否可以将这些预训练好的大模型引入个性化推荐领域，以革新传统的推荐算法？事实上，这一设想正逐步成为现实。近年来，学术界已涌现出大量探索大模型在推荐系统中应用的研究成果，预示着大模型推荐系统有望成为未来企业级推荐系统的重要组成部分。

在当前的 AI 领域，Transformer 架构的大模型通过预测文本中下一个 token 的概率，展现出其强大的语言处理能力。这一机制依赖庞大的互联网文本数据集进行无监督的预训练，无需烦琐的人工标注，便能在完成后应用于广泛的语言理解和生成任务。当我们将这一思路迁移至推荐系统领域时，不难发现用户行为序列与文本序列之间的相似性，使得大模型能够自然地融入推荐系统的框架之中。

在推荐系统中，用户的操作行为构成了一个个有序的事件序列，这些序列不仅记录了用户的兴趣轨迹，还蕴含了丰富的推荐信息。可以将这些行为序列视为“文本”，每个物品则类比为“token”，推荐问题便转化为预测用户接下来可能交互的物品，即序列中的下一个“token”。这种类比不仅为推荐系统引入了大模型的理论支撑，还预示着大模型在解决推荐问题上存在巨大潜力。然而，推荐系统的数据信息远比单一文本复杂，它融合了用户画像(如年龄、性别、偏好)与物品画像(如标题、标签、描述)等多维度信息，其中不乏图片、视频等多模态数据。尽管这些丰富的数据源目前尚未完全被大模型充分利用，却已展现出提升推荐精准度的巨大潜力。特别是大模型在文本处理上的卓越表现，以及其 zero-shot 和

few-shot 学习能力，为推荐系统带来了前所未有的灵活性和适应性。

zero-shot 意味着大模型能够直接应用于未知的推荐任务，而 few-shot 则通过少量示例快速适应新情境，这种能力极大地降低了推荐系统的部署成本和学习门槛。为了实现这一潜力，研究人员设计了各种提示（prompts）和模板（templates），作为引导大模型进入推荐角色的"钥匙"，激活其神经网络中负责推荐的特定区域。这一过程与人类大脑在特定刺激下激活相应神经元区域的机制颇为相似，展现了 AI 与人类智能在某种程度上的共通性。

大模型的这些能力并非通过改变模型参数获得，而是通过 prompts 激活了模型内部的已有知识。此外，大模型的多轮对话能力也基于类似机制，能够在保持对话连贯性的同时，展现出一定的"记忆"能力。然而，目前大模型尚不具备真正的增量学习能力，无法实时吸收对话中的新信息，这是未来研究的一个重要方向。

对于推荐系统而言，大模型的引入不仅解决了冷启动问题，还带来了更为自然的交互方式。通过构建对话式推荐引擎，系统能够响应用户的自然语言请求，提供更加个性化的推荐服务，从而增强用户体验和参与度。

4.2.1 大模型在推荐系统中的应用方法

本节将从数据处理与特征工程、召回与排序、用户交互优化、冷启动问题应对、推荐结果解释以及跨领域推荐等六个方面，深入剖析大模型如何为推荐系统赋能。

1. 大模型在数据处理与特征工程中的应用

面对推荐系统中常见的数据稀缺挑战，大模型展现出其独特的生成能力。GReaT[19]将大模型微调以适应表格数据的处理，无论是 Excel 还是 MySQL 等格式，均能轻松应对。GReaT 通过将表格数据转化为文本形式输入大模型进行微调，能够根据既定策略生成与原始数据分布一致的新样本，有效缓解了数据不足的问题。这一方法不仅免去了重新训练模型的烦琐过程，还实现了对特征子集的灵活组合与扩展。此外，GReaT 还能用于填补缺失数据，进一步提升了数据质量。

在特征工程方面，大模型同样发挥着不可替代的作用。传统推荐系统中，类别数据往往通过 one-hot 编码或简单嵌入方式处理，而现在可以利用 BERT 等大模型作为强大的文本特征编码器。通过将物品标题、标签、描述等文本信息输入大模型，获取富含语义的嵌入向量，这些向量随后可作为其他推荐模型（包括大模型本身或传统模型）的输入特征。这种方式不仅丰富了用户与物品的表示维度，还增强了模型的语义理解能力，为后续的推荐算法提供了更为精准的数据基础。更为重要的是，大模型的应用打破了领域间的壁垒，通过自然语言这一通用桥梁，实现了跨领域特征的有效整合与利用。即便跨领域物品的元数据字段各异，大模型也能凭借其强大的语义理解能力，捕捉到不同领域间的潜在关联，为跨领域推荐开辟了新的路径。

2. 大模型在召回与排序中的应用

在推荐系统的核心构成中，召回与排序模块无疑占据着举足轻重的地位。大模型技术的兴起正为召回与排序机制带来新机遇。大模型在这两大领域的应用潜力巨大，至于其更适合召回还是排序，则需根据具体模型特性及输入数据的性质来灵活判断。

在探讨大模型如何融入召回与排序之前，有必要先明确其应用方式。一般而言，大模型的训练过程涵盖预训练与微调两个阶段。针对推荐系统，可归纳出三种主要应用模式：一是利用推荐系统专属数据进行预训练，随后直接用于推断(预训练范式)；二是基于预训练好的大模型，结合推荐系统数据进行微调，再进行推断(微调范式)；三是借助预训练大模型与适当的 prompt 机制，直接执行推断任务(直接推荐范式)。

在讨论大模型如何有效整合至推荐系统的召回与排序环节之前，首先需要清晰界定其应用策略。大模型的训练过程通常涉及预训练与微调两个关键阶段，这一流程在推荐系统中也不例外。针对推荐系统的特殊需求，可以提炼出三种核心应用模式：预训练推断范式、微调后推断范式、Prompt 辅助推断范式。

(1) 预训练推断范式。

预训练推断范式是一种创新思路，它主张利用推荐系统内部的数据资源来定制训练大模型，从而构建一个专注于推荐领域的垂直化大模型。鉴于推荐系统数据相较于互联网海量文本而言规模有限且格式独特，这一范式往往选择中等规模的开源大模型作为基础，如 BERT、T5、M6 等，进行针对性预训练。

BERT4Rec 算法[20]作为 BERT 在推荐系统领域的应用典范，通过充分利用 BERT 在文本理解上的优势，对推荐场景中的用户行为序列进行建模，有效提升了召回与排序的精度。该算法展示了如何将 BERT 的双向编码器能力转化为推荐系统中的序列理解能力。

P5 算法[21]基于 T5 这一强大的文本生成模型，通过预训练与微调相结合的方式，探索了 T5 在推荐系统任务中的潜力。该算法不仅继承了 T5 在自然语言处理上的卓越性能，还通过精心设计的微调策略，使其更适应推荐系统的数据特性与需求。

此外，对于 M6 等大模型的推荐系统应用(如 M6-Rec 算法)，同样值得深入研究。这些尝试不仅拓宽了大模型在推荐领域的应用边界，也为传统推荐算法带来了深刻的变革与启发。

M6-Rec 算法[22]是 M6 大模型在推荐系统应用的典型范例。将推荐任务转换为语言建模任务，利用 M6 在大规模语料库上的预训练能力，可实现对用户行为的精准建模和推荐。M6-Rec 不仅减少了对特定行为数据的依赖，还通过延迟交互技术和 Option Tuning 等方法，提高了推理速度和模型适应性。这种创新的应用模式为推荐系统带来了更高的效率和更个性化的推荐体验。

（2）微调后推断范式。

微调范式作为一种高效利用预训练大模型的技术手段，其核心在于通过特定领域的数据对大型基础模型进行精细调整，进而优化其在个性化推荐等下游任务中的表现。此范式不仅缩减了训练时间与成本，还显著提升了模型的适应性和推荐效果。其重要性及优势主要体现在三大方面：首先，预训练模型为微调过程提供了强大的初始化基础，这些模型具备广泛的泛化能力，能够灵活应用于多种推荐场景，从而在微调阶段加速收敛过程，提高推荐效率与效果；其次，通过在大规模源数据集上的预训练，模型能够学习到丰富的通用知识，这对于缓解推荐系统中的冷启动问题尤为关键，新领域或数据稀疏场景下的推荐任务往往能借助这些通用知识得到更好的启动支撑；最后，预训练本身可视为一种正则化手段，有效防止了在小数据集或资源受限环境下训练模型时可能出现的过拟合问题，增强了模型的稳健性。

微调范式的灵活性还体现在其对不同微调策略的支持上。这些策略包括对整个模型进行全面微调，仅调整模型的部分参数，或在预训练模型基础上增加特定任务层进行微调。

① 全面微调模型。U-BERT 模型[23]是一种创新的预训练与微调策略，特别针对推荐系统领域进行了定制优化，其灵感源于 BERT 在自然语言处理中的卓越表现。该策略通过跨领域数据源的利用，实现了从内容丰富领域到内容不足领域的知识迁移，极大地增强了推荐系统的适应性和性能。U-BERT 的核心在于其两个阶段的处理流程：预训练与微调。预训练阶段专注于内容丰富的领域，模型聚焦于包含丰富评论信息的领域，通过多层 Transformer 架构的评论编码器与用户编码器，共同学习并强化用户行为的表征。此阶段引入了两个创新的自我监督任务——掩盖意见 Token 预测与意见评分预测，旨在从海量评论数据中提炼出用户的普遍偏好与情感倾向。

在预训练阶段，U-BERT 不仅构建了用户与评论之间的深度关联，还通过统一的评论建模机制，跨越不同场景的数据壁垒，增强了模型的泛化能力。这两个编码器协同工作，形成了用户的一般表示，为后续的跨领域推荐奠定了坚实基础。

进入微调阶段，U-BERT 针对目标领域中内容相对匮乏的挑战，引入了物品编码器与评论协同匹配层。物品编码器负责精准捕捉物品特征，而评论协同匹配层则深入挖掘用户与物品评论间的微妙语义联系，进一步细化了用户与物品的匹配精度。最终，所有关键信息都被整合至推荐系统的预测层中，从而实现个性化推荐的精准提升。

U-BERT 在预训练与微调阶段采用了略有差异的架构设计，以适应不同阶段的数据特性与任务需求。尽管这种做法增加了数据处理与计算的复杂度，但其带来的性能提升是显著的。通过全面的模型微调，U-BERT 能够在保持用户 ID 一致性的同时，有效应对物品 ID

的场景变化，从而在目标领域内实现更为精准的推荐服务。

② 部分参数微调。在大型推荐系统实践中，为了兼顾训练效率与模型性能，常采取的策略是仅微调模型的部分参数。UniSRec 模型[24]通过线性变换层和自适应 MoE 策略，对来自不同领域的物品表示进行处理，实现了模型在不同领域间的快速适应与性能优化。这种方法在减少训练时间的同时，也保持了较高的推荐准确性，尤其适用于冷启动场景。

UniSRec 的核心优势在于利用物品的文本信息(item text)作为桥梁，这些文本信息以自然语言形式存在，自然成为连接不同语义空间的通用媒介。通过预训练模型学习这些文本的嵌入表示，UniSRec 能够跨越领域界限，将来自不同领域的物品表示统一到同一语义空间下。为了进一步提升这种跨领域的迁移能力，UniSRec 引入了参数白化和 MoE 增强适配技术，确保文本语义能够无缝转化为适合推荐任务的形式。

面对不同领域用户行为模式的差异性，UniSRec 采取了精细化的预训练策略。通过"序列-物品"和"序列-序列"两种对比学习任务，UniSRec 不仅增强了模型在学习物品表征时的融合性，还提高了其在面对新领域数据时的适应性。这种多任务学习框架使得模型在预训练阶段就能够充分吸收来自多个领域的知识，为后续的微调打下坚实的基础。

在微调阶段，UniSRec 采取了更加灵活的策略。它固定了模型的主要架构参数，仅对 MoE 增强适配器中的一小部分参数进行微调。这种策略极大地降低了计算成本，同时保证了模型能够迅速适应新领域的数据分布。此外，UniSRec 还考虑了归纳和转导两种微调方式，以应对目标域中物品 ID 是否存在于训练集中的不同情况。

③ 微调模型的额外部分。除了上述微调策略外，还存在其他几种微调模型的方法。例如，在预训练模型的基础上增加特定任务层来执行推荐任务，并专注于优化这些新增层的参数，以达到微调的目的[25]。另一种策略[26]则是构建一个与预训练模型架构相似但独立的新模型，用于执行微调阶段的训练与推荐任务，这种方法提供了更高的灵活性与定制化空间。

以上这些方法各有优劣，共同之处在于，它们都在尝试通过微调模型的部分参数来提高模型的适应性和性能。

(3) Prompt 辅助推断范式。

此模式创新性地结合了预训练大模型与 prompt 技术，通过设计巧妙的 prompt 指令，引导大模型直接针对推荐系统的需求进行推断。预训练完成后无需额外的微调步骤，即可直接投入到个性化推荐任务中。这里的预训练特指依赖那些广泛训练于海量文本数据之上的通用大模型，如 ChatGPT、GPT-4 或 Bard 等，它们本身已蕴含了跨领域的丰富知识，为个性化推荐提供了坚实的基础。

通用大模型与专为推荐任务定制的大模型不同，通用大模型将广泛领域的基础知识内化为自身的知识库，使其能够响应各种复杂的查询与需求。在个性化推荐场景中，关键在于如何巧妙地设计提示(prompts)，以激发大模型的潜在推荐能力。这些提示需遵循特定的模板，融入个性化的元素，如用户的独特偏好(通过物品 ID、用户描述如姓名、性别、年龄等体现)和物品的详尽信息(如物品 ID 或详尽的元数据描述)，以确保输出的推荐结果能够精准地贴合每位用户的独特需求。

在此范式下，大模型展现出了强大的 zero-shot 能力，即无需任何针对特定任务的微调，仅凭精心设计的提示便能直接执行个性化推荐任务。这种能力极大地简化了推荐系统的部署流程，降低了实施成本。大模型还具备 few-shot 学习的能力，这意味着在给出少量"输入-输出"示例后，大模型能够迅速理解并适应新的推荐场景，实现知识的迁移与应用。这一过程类似迁移学习，展现了大模型在理解复杂上下文和快速适应新环境方面的卓越能力。

① zero-shot 推荐。zero-shot 推荐利用先进的预训练大模型，将推荐任务视为一种条件化的排序问题。该框架首先将基于用户的历史交互序列(按时间顺序排列)作为条件输入，然后针对一组召回的候选物品集进行排序，目的是将用户最可能感兴趣的物品排在前面。这一过程不仅考验大模型的通用理解能力，还依赖 prompt 设计的独特性和有效性。

根据本章文献[27]中所述，提示(prompt)设计有如下流程：

a. 构建用户历史交互序列，生成 prompt。

为了捕捉用户的偏好，用户的历史交互序列 $H=\{i_1, i_2, \cdots, i_n\}$ 被精心组织成自然语言的形式作为输入。这一步骤旨在让大模型能够理解并解析用户的历史行为，从而推断其潜在兴趣。具体方法包括顺序提示、关注最近的提示、上下文学习。

顺序提示：直接按时间顺序列出用户观看或交互过的物品，如"我过去按顺序观看了以下电影：'0. Multiplicity'，'1. Jurassic Park'，……"。

关注最近的提示：在顺序提示的基础上，特别强调用户最近的交互，如"我最近观看的电影是 *Dead Presidents*"。

上下文学习(ICL)：通过引入示例样本(可能是其他用户的交互历史)，并结合用户自身的交互序列，构造一个更具指导性的提示。这种方法需要仔细调整以避免引入不相关的噪声。如"如果我过去按顺序观看了以下电影：'0. Multiplicity'，'1. Jurassic Park'，……，那么你应该向我推荐 *Dead Presidents*，现在我已经观看了 *Dead Presidents*，那么……"的指令，以引导 LLM 根据用户的具体历史行为来推荐。

b. 准备并排序候选物品集，生成 prompt。

候选物品集 $c=\{i_j\}_{j=1}^{m}$ 通常通过多路召回算法生成，包含多个模型推荐的物品。为了对这些物品进行排序，首先将它们组织成有序列表，并作为提示的一部分输入给大模型。

例如，“现在有 20 部候选电影可供我接下来观看：‘0. Sister Act’，‘1. Sunset Blvd’，……”。在实验中，候选物品的排列顺序被故意调整，以检验大模型是否会受到位置偏差的影响，并探索如何通过 bootstrap 等方法来减少这种偏差。

c. LLM 排序。

最终，将上述候选集的生成模型集成到一个统一的指令模板 T 中，用于引导 LLM 进行排序。指令模板示例：“基于我过去的观看历史(包含顺序性历史交互 H)，请对以下候选电影(包含检索到的候选物品 c)进行排序，预测我接下来最有可能观看的电影。你必须对给定的候选电影进行排序，不得生成不在候选列表中的电影。”

在 LLM 输出解析阶段，处理 LLM 返回的自然语言文本结果。由于 LLM 的输出可能包含非候选列表内的项目(尽管 GPT-3.5 等模型中此类错误率较低)，采用启发式文本匹配方法，如 KMP 算法，将 LLM 的输出与候选集进行匹配，或直接要求 LLM 输出排序后的物品索引，以提高匹配效率和准确性。在极少数情况下，若 LLM 生成了错误输出，可以选择忽略或提示其重新生成。

② few-shot 推荐。few-shot 推荐通过提供少量的示例样本来指导模型进行个性化推荐。文献[28]中展示了 ChatGPT 在五种不同推荐场景(评分预测、序列推荐、直接推荐、解释生成及评论摘要)中的表现。与传统推荐方法不同，该研究并未对 ChatGPT 进行微调，而是完全依赖精心设计的提示(prompts)将推荐任务转化为自然语言处理任务。

few-shot 推荐的工作流程概括起来分为 3 步，这些步骤共同构成了从任务定义到结果输出的完整链条。

步骤 1：定制化 Prompt 设计。该阶段需要根据具体的推荐任务特性，构建有针对性的 prompt。每个 prompt 由三部分构成：任务描述、行为注入、格式指示符。

任务描述：明确指示 ChatGPT 当前的任务类型和目标，将推荐任务转化为 ChatGPT 能够理解并处理的自然语言形式。

行为注入：通过融入用户与物品的交互历史，为 ChatGPT 提供关于用户偏好的上下文信息，增强其推荐的个性化程度。

格式指示符：规定输出结果的格式要求，确保生成的推荐结果既符合任务需求，又便于后续处理和评估。

步骤 2：利用 ChatGPT 生成推荐。将设计好的 prompt 作为输入，通过调用 ChatGPT 的 API 或其他接口，触发其生成推荐结果。这一过程充分利用了 ChatGPT 在自然语言生成方面的强大能力，实现了从文本输入到推荐输出的直接转换。由于 ChatGPT 的工作机制是“黑盒”性质的，因此对这一步骤的具体内部逻辑在此不做深入展开。

步骤 3：输出结果的优化与校验。由于 ChatGPT 在生成响应时具有一定的随机性，可能导致输出结果与预期存在偏差(如数量不符、格式错误等)。因此需要通过输出优化模块对 ChatGPT 的生成结果进行校验和优化。首先检查输出结果的格式是否符合预定要求,若不符合,则根据预定义的规则进行校正。若校正成功,则将其作为最终推荐结果呈现给用户;若校正失败,则重新构造 prompt 并再次输入 ChatGPT 进行推荐,直至输出结果满足要求为止。

此外,针对特定任务(如序列推荐),由于 ChatGPT 的输入限制可能导致输出结果与数据集中的物品集不匹配,因此引入了基于相似性的文本匹配方法,将 ChatGPT 的预测结果映射回原始数据集,间接展示其在序列推荐中的潜力。

3. 大模型在交互控制中的应用

在交互控制领域,大型对话模型如 ChatGPT 和 LaMDA 正引领着推荐系统交互范式的革新。这些模型不仅能够整合传统的推荐流程模块(如召回与排序),还能自主决定在特定时间点和场景下与用户进行交互的最优方式。更重要的是,它们通过对话式交互为用户提供推荐,这种新颖的交互方式对于汽车、智能音箱、机器人等设备而言尤为吸引人,甚至可能是这些场景下的唯一可行交互模式。

关于大模型在个性化推荐中的交互控制应用,已有若干前沿研究。Chat-REC 系统[29]利用 ChatGPT 全面掌控推荐流程,通过深度理解用户与物品的历史交互、用户画像、当前查询及历史对话,构建出富有上下文感知的推荐环境。该系统能够灵活调用传统推荐模块生成候选物品集,并在必要时直接响应用户的非推荐类查询。Chat-REC 的独特之处在于其 prompt 构造器,将多种输入整合为自然语言段落,有效提升了推荐的互动性和可解释性,同时支持跨领域推荐与新物品冷启动问题的处理。文献[30]则聚焦 LaMDA 在对话式推荐中的应用,开发了 RecLLM 系统。RecLLM 系统实现了从用户偏好理解到对话管理再到推荐生成的全链条对话式推荐流程。该系统采用大模型技术深入理解用户画像,并通过灵活的对话管理优化用户交互体验。为解决对话数据稀缺问题,RecLLM 系统还引入了基于大模型的用户模拟器生成合成对话。RecLLM 系统的架构包含五个核心模块:对话管理模块、推荐搜索系统、排序模块、用户画像模块和用户模拟模块。其中,对话管理模块是核心,负责整体流程的调度;推荐搜索系统在需要时提供候选推荐;排序模块则创新性地结合了解释生成,增强了推荐的可信度;用户画像模块以自然语言形式存储用户偏好,支持基于相似性的查询匹配,确保推荐的个性化与精准性;用户模拟模块生成用于训练各个系统模块的数据。

4. 大模型在冷启动问题中的应用

冷启动的核心在于如何在缺乏用户或物品交互数据的情况下,进行有效的推荐。有两大策略解决冷启动问题:一是对内容特征进行深入建模,二是从外部辅助领域迁移知识。

第一种策略是通过精细的内容特征建模，推荐系统能够依据物品或用户的文本、图像、元数据等信息，捕捉其内在特征，如U-BERT方法。这种方法使得系统在用户与物品尚未建立交互记录时，也能基于内容相似性进行推荐。

第二种策略是利用跨领域的知识迁移，推荐系统可以从社交网络、产品描述等外部数据源中汲取信息，以推测用户的潜在偏好。如UniSRec方法通过整合多源数据，提升了推荐在冷启动场景下的效果。

大模型以其强大的推理能力和丰富的知识储备，为解决冷启动问题提供了新的视角。特别是它能够利用物品的文本描述和简介信息，构建物品之间的关联网络，从而有效推荐新物品。以Chat-REC为例，该系统能够基于用户提供的电影描述(如导演、演员等)，通过嵌入计算和相似性匹配，精准推荐相关的新上映电影。然而，由于ChatGPT的知识库存在时效性限制，对于在训练数据之后出现的新物品，其推荐能力可能受限。为克服这一局限，可以引入外部数据源，利用大模型生成新物品的嵌入表示，并借助向量数据库(如Milvus)进行缓存。在实际推荐时，通过比较用户偏好与新物品嵌入的相似性，检索并推荐最相关的物品，从而弥补大模型在时效性上的不足。

此外，PPR框架[31]通过构建个性化prompt(基于用户画像的嵌入向量形式)，并将其与用户行为序列结合，输入到预训练的序列模型中，以捕捉用户的行为偏好。这种方法展现了利用大模型进行用户画像快速适应和个性化推荐的新思路。

5. 大模型在推荐解释中的应用

在推荐系统中，基于文本的推荐解释因其能够详尽传达推荐理由而备受青睐。然而，传统方法常存在预定义模板僵化或自由生成句子的质量控制难等问题。由于大模型卓越的语言理解与生成能力，将其应用于推荐解释成为一个自然且富有成效的方向。例如，文献[28]巧妙地利用ChatGPT的zero-shot与few-shot特性，生成了富有洞察力的推荐解释。尽管在自动化评估指标(如BLEU-n、ROUGE-n)上，ChatGPT可能不及某些特定训练的模型(如P5)，但在人工评估中，其凭借对信息的深刻理解与清晰表达，赢得了更高的评分。

Chat-REC[29]同样基于ChatGPT，不仅实现了精准推荐，还附带了合理的解释。为进一步提升解释质量，神经模板(NETE)框架[31]通过从数据中学习句子模板，生成既受模板约束又富含特定特征评论的句子，有效增强了文本解释的表达能力与可读性。另外，PETER框架[32]设计了一个以用户ID和物品ID为预测目标的学习任务，赋予ID以语言意义，从而构建了一个能够同时完成个性化推荐与解释生成的统一模型——个性化Transformer。PETER不仅生成了解释，还实现了个性化的推荐服务，为用户体验的全面升级提供了有力支持。

6. 大模型在跨领域推荐中的应用

跨领域推荐是解决数据稀疏与冷启动问题的有效手段，通过跨领域的知识迁移，可提升目标域的推荐效果。传统方法多依赖两个领域间的重叠数据，这在一定程度上限制了其应用范围。而大模型凭借其海量的知识储备与强大的泛化能力，为跨领域推荐开辟了新的路径。

大模型内部蕴含的信息链接使得不同领域间即便没有直接的重叠数据，也能通过间接关联实现知识的迁移。例如，物品的描述信息成为连接异构领域信息的桥梁，大模型可作为物品描述的特征编码器，助力跨领域推荐的实现。Chat-REC 便是这一思路的实践，它利用预训练的 ChatGPT 作为知识库，根据用户在电影领域的偏好，成功推荐了书籍、电视剧、播客及电子游戏等跨领域内容，展现了强大的跨领域推荐能力。

U-BERT 与 UniSRec 模型也在跨领域推荐中展现了非凡的潜力。U-BERT 通过预训练阶段的内容丰富了领域学习，结合用户与评论编码器，将用户表示迁移至内容匮乏的目标领域，实现了个性化推荐。而 UniSRec 则通过通用预训练任务与 MoE 增强的适配器架构，无需源域与目标域间紧密关联，便能在多源域数据上预训练，并成功应用于无共享数据的目标域，为跨领域推荐提供了新的解决方案。

4.2.2 大模型应用于推荐系统的难题及挑战

尽管大模型在推荐系统的多个领域展现了巨大的潜力，但其实际应用仍处于学术探讨与业务实验阶段，面临着诸多挑战与难题。这些挑战不仅源自大模型自身的局限性，还在于如何有效地将大模型集成到推荐系统的具体任务中。下面从五方面来探讨大模型在推荐系统应用中面临的难题。

1. 信息交互形式的局限性

当前，主流大模型以语言模型为主，这限制了其与推荐系统信息交互的灵活性。推荐系统所依赖的关键信息，如用户 ID、物品 ID 等，多为数字或字符串形式，难以直接融入大模型的语义空间。直接将物品 ID 替换为标题等文本信息，虽能部分缓解冷启动问题，但可能忽略了用户与物品间复杂的交互信息，会影响推荐效果。同时，多模态信息的整合也是一大难题，需依赖多模态大模型技术的进一步发展。

2. 输入 Token 数量的限制

大模型在处理输入时普遍受 Token 数量的严格限制，这直接影响其在推荐系统中的应用能力。随着模型版本的升级，虽然 Token 数量有所增加，但仍难以满足推荐系统处理大量候选物品和用户行为记录的需求。Token 限制不仅可能导致重要信息的遗漏，还可能使模型预测出非候选集内的物品，降低推荐精度。此外，增加 Token 数量也会对模型的推理速度造成不利影响。

3. 位置偏差的影响

将大模型应用于推荐排序时，输入候选物品的顺序对预测结果具有显著影响，即所谓的“位置偏差”。这一现象要求在设计推荐算法时，必须考虑如何减少顺序对预测结果的不合理干扰。通过随机化候选集顺序等方法，可以在一定程度上缓解位置偏差，但尚需更完善的解决方案。

4. 流行度偏差的挑战

由于大模型学习的是广泛的数据集，其中热门物品的出现频率较高，因此大模型在推荐时往往倾向于推荐这些热门物品，导致“流行度偏差”。这种偏差限制了推荐系统的多样性和个性化水平。虽然减少候选集数量可以在一定程度上减轻流行度偏差，但也可能降低召回率，如何在二者之间找到平衡是一大挑战。

5. 输出结果的随机性管理

大模型在生成输出时展现出一种固有的随机性特征，这种随机性通过调整温度参数来加以控制。温度参数的值域设定在 0 至 100 之间，直接关联着输出文本的变异程度：参数值越高，生成的文本就越具有随机性和不可预测性。从某种角度看，这种随机性特质是大模型创造力与多样性的体现，能够促使模型产生新颖且独特的组合式内容。

然而，当多次向模型输入相同的推荐候选集时，可能会得到截然不同的输出结果。这种不一致性不仅增加了推荐结果追溯与问题排查的复杂性，还可能直接导致输出的物品并不属于预设的候选集范围，从而违背推荐系统的基本约束条件。针对这一问题，目前尚无完美无缺的解决方案。一种常见的做法是在大模型初步输出后，引入一个优化或微调步骤，对输出结果进行二次处理，以确保最终呈现给用户的推荐列表既符合用户的个性化需求，又严格遵循推荐系统的既定规则与要求。这一策略可以在保持大模型创造力的同时，最大限度地减少随机性带来的不利影响。

4.2.3 大模型推荐系统的发展趋势与行业应用

当前大模型在推荐系统中的实践尚处于起步阶段，但学术界的积极探索与初步成果预示着大模型有广阔的商业前景。未来，随着技术迭代与成本优化，大模型的应用将迎来井喷式增长，诸多现存难题亦将迎刃而解[33]。

1. 大模型与传统推荐系统的融合共生

鉴于传统推荐系统业已形成稳固的基础且取得商业成功，未来几年的发展趋势将是大模型与传统推荐系统间的深度互补。在保持现有成熟架构稳定性的同时，大模型将被巧妙地融入各功能模块，如特征提取、召回策略、排序优化乃至跨领域推荐等，以进一步提升推荐系统的效能与灵活性。尤为重要的是，大模型的预训练与微调能力能显著降低新场景下的部署难度，无论是面向广泛的行业应用还是企业内部的多元化业务，都能实现快速适配与高效运营，为云计算服务商及 B 端初创企业带来前所未有的发展机遇。

2. 多模态信息融合——大模型推荐系统的未来方向

当前，大模型在处理用户与物品标识信息方面尚有局限，但随着技术的进步，特别是多模态能力的增强，这一瓶颈有望被打破。随着 GPT-4 等模型展现出初步的多模态潜力，以及图像、视频生成模型的日益成熟，大模型将能够更全面地解析来自不同源头的异构数据，包括用户行为、文本评论、视觉元素等，从而构建更为丰富、精准的用户画像与物品关联网络。这种多模态信息的深度融合将极大地提升推荐的个性化与准确性，推动推荐系统向更加智能、全面的方向发展。

3. 增量学习——大模型推荐系统的进化引擎

针对当前大模型学习范式的局限性，增量学习成为未来探索的热点之一。不同于传统的预训练、微调或直接使用模式，增量学习能够模拟人类的持续学习机制，使大模型在不断接收新信息的过程中自我优化与进化。这一目标的实现或将通过高效的微调策略实现快速适应，抑或通过创新性的神经网络架构，使模型能够在不中断服务的情况下动态调整参数，以捕捉用户兴趣的变化。一旦大模型具备增量学习能力，推荐系统将能够自动适应市场动态，提供更加个性化、时效性的推荐服务，从而实现用户体验与商业价值的双重飞跃。同时，这样的系统也将成为强化学习的典范，不断自我完善，推动智能推荐技术迈向新的高度。

4. 对话式推荐——重塑产品交互的未来形态

在当前的技术浪潮中，对话式推荐系统正逐步崭露头角，成为推动产品形态革新的关键力量。依托大模型的卓越能力，对话式推荐系统能够实现与用户之间流畅无阻的自然语言交互，宛如人与人之间的对话般自然亲切。这种高度互动的特性极大地增强了用户的信任与接受度，更能在交流过程中悄然洞悉并捕捉用户当下的真实兴趣与偏好。

对话式推荐系统的应用前景极为广阔，涵盖了从对话机器人到车载智能设备、智能音箱、智能电视乃至 VR/AR 等多元化场景。这些领域的交互逻辑，预计将在大模型的赋能下迎来深刻变革，为用户带来前所未有的智能体验。另外，即便在传统推荐场景如抖音、淘宝等平台，通过融入对话式推荐的元素，如利用提示引导用户滑动等创新方式，也能实现一定程度的互动效果，具体的产品形态设计与实现则需依靠产品经理与设计师的匠心独运。事实上，淘宝已先行一步，它通过“淘宝问问”这一交互式商品推荐功能，展示了在这一领域的积极探索与实践。

5. 大模型助力——推荐与搜索的融合趋势

随着 ChatGPT 等大模型的兴起，推荐与搜索两大功能间的边界日益模糊，融合趋势愈发明显。微软迅速响应，将 ChatGPT 引入必应搜索，而百度、谷歌等搜索巨头也纷纷引入大模型技术，以强化其搜索系统的智能化水平。大模型的互动对话能力为推荐与搜索的融合提供了天然桥梁，使得两者能够在同一业务框架内无缝衔接，共同为用户提供更加全面、精准的信息服务。

从本质上看，虽然搜索与推荐的路径不同，搜索是基于用户的明确需求，推荐则依据用户的历史兴趣，但在技术体系上二者却殊途同归，均遵循召回、排序等核心流程，且算法基础相同。因此，将二者统一于大模型框架之下，不仅能够通过自然语言的交互实现推荐与搜索的即时切换与融合，还能进一步提升用户体验，构建更加一体化、智能化的信息服务生态。在这一背景下，未来的搜索与推荐将不再是孤立的功能模块，而是相互依存、共同进化的有机整体。

本章小结

本章梳理了语言模型的历史演进，深入剖析了 OpenAI 大模型的发展轨迹，并详尽介绍了国内外主流大模型的概况、核心技术及应用场景，探索了大模型赋能的广泛领域与潜在场景，预测了大模型技术即将带来的行业变革。

本章聚焦于大模型如何深度融入推荐系统，详细阐述了其在数据处理、特征构建、召回机制、排序优化、交互设计、冷启动解决、推荐解释及跨领域推荐等六方面的应用策略。其中，大模型在召回与排序环节的应用被赋予了核心地位，并强调了预训练、微调及直接推荐三大应用范式的重要性，帮助读者理解大模型在推荐系统中的实施路径。

尽管当前大模型在推荐系统中的应用仍面临诸多挑战，但随着技术的不断进步，这些问题将逐步得到解决。大模型与传统推荐系统的互补融合，以及多模态信息处理与增量学习技术的突破，将为大模型在推荐领域的广泛应用铺平道路。大模型的自然语言处理能力为其在对话式推荐中的主导地位奠定了基础，而搜索与推荐功能的融合，则有望在统一的自然语言框架下实现更高效的信息获取与推荐服务。目前，大模型在推荐系统的应用多处于学术探讨阶段，但少数行业的探索已初见成效，预示着大模型在未来有着广阔的发展前景。

本章参考文献

[1] BENGIO Y, DUCHARME R, VINCENT P et al. A neural probabilistic language model[J]. Journal of machine learining research, 2003, 2:1137-1155.

[2] COLLOBERT R, WESTON J, BOTTOU L, et al. Natural language processing (almost) from scratch[J]. Journal of machine learning research, 2011, 12(1): 2493-2537.

[3] MIKOLO V T, SUTSKEVER I, CHEN K, et al. Distributed representations of words and phrases and their compositionality[C]//Proceedings of 26th International Conference on Neural Information Processing Systems. NIPS, 2013:3111-3119.

[4] MIKOLO V T, CHEN K, CORRADO G, et al. Efficient estimation of word representations in vector space[C]//Proceedings of 1st International Conference on Learing Representations. ICLR, 2013:1-12.

[5] PETERS M E, NEUMANN M, IYYER M, et al. Deep contextualized word representations [C]//Proceedings of NAACL-HLT. NAA CL-HLT, 2018: 2227-2237.

[6] DEVLIN J, CHANG M W, LEE K, et al. BERT: Pre-training of deep bidirectional transformers for language understanding [J/OL]. arXiv: 1810. 04805, 2018. https://arXiv. org/abs/1810. 04805.

[7] VASWANI A, SHAZEER N, PARMAR N, et al. Attention is all you need[J/OL]. arXiv: 1706. 03762, 2017. http://arXiv. orglabs/1706. 03762.

[8] WEI J, TAY Y, BOMMASANI R, et al. Emergent abilities of large language models[J/OL]. arXiv:2206. 07682, 2022. https://arXiv. org/abs/2206. 07682.

[9] OUYANG L, WU J, JIANG X, et al. Training language models to follow instructions with human feedback[J]. Advances in neural information processing systems, 2022, 35: 27730-27744.

[10] LOU R, ZHANG K, YIN W. Is prompt all you need? No. A comprehensive and broader view of instruction learning[J/OL]. arXiv:2303. 10475, 2023. http://arXiv. org/abs/2303. 10475.

[11] ZHANG S, DONG L, LI X, et al. Instruction tuning for large language models: A survey[J/OL]. arXiv:2308. 10792, 2023. https://arXiv. org/abs/2308. 10792.

[12] ZHAO W X, ZHOU K, LI J, et al. A survey of large language models[J/OL]. arXiv: 2303.18223, 2023. https://arXiv.org/abs/2303.18223.

[13] CHRISTIANO P F, LEIKE J, BROWN T, et al. Deep reinforcement learning from human preferences[C]//Proceedings of 31st International Conference on Neural Information Processing Systems. NIPS, 2017: 4302-4310.

[14] ZIEGLER D M, STIENNON N, WU J, et al. Fine-tuning language models from human preferences[J/OL]. arXiv: 1909.08593, 2019. https://arXiv.org/abs/1909.08593.

[15] DONG Q, LI L, DAI D, et al. A survey for in-con text learning[J/OL]. arXiv: 2301.00234, 2022. https://arXiv.org/abs/2301.00234.

[16] WEI J, WANG X, SCHUURMANS D, et al. Chain-of-thought prompting elicits reasoning in large language models[J]. Advances in neural information processing systems, 2022, 35: 24824-24837.

[17] KOJIMA T, GU S S, REID M, et al. Large language models are zero-shot reasoners[J]. Advances in neural information processing systems, 2022, 35:22199-22213.

[18] ZHOU D, SCHÄRLI N, HOU L, et al. Least-to-most prompting enables complex reasoning in large language models[J/OL]. arXiv: 2205.10625, 2022. https://arXiv.org/abs/2205.10625.

[19] BORISOV V, SESSLER K, LEEMANN T, et al. Language models are realistic tabular data generators[C]//Proceedings of 11th International Conference on Learning Representations. ICLR, 2022: 1103-1110.

[20] SUN F, LIU J, WU J, et al. BERT4Rec: Sequential recommendation with bidirectional encoder representations from transformer[C]//Proceedings of the 28th ACM International con Ference on Information and Knowledge Management. ACM, 2019: 1441-1450.

[21] GENG S, LIU S, FU Z, et al. Recommendation as language processing (RLP): A unified pretrain, personalized prompt & predict paradigm (p5)[C]//Proceedings of the 16th ACM Conference on Recommender Systems. ACM, 2022: 299-315.

[22] CUI Z, MA J, ZHOU C, et al. M6-REC: Generative pretrained language models are open-ended recommender systems[J/OL]. arXiv: 2205.08084, 2022. https://arXiv.org/abs/2205.08084.

[23] QIU Z, WU X, GAO J, et al. U-BERT: Pre-training user representations for improved recommendation[C]//Proceedings of the AAAI Conference on Artificial Intelligence. AAAI, 2021: 4320-4327.

[24] HOU Y, MU S, ZHAO W X, et al. Towards universal sequence representation learning for recommender systems[C]//Proceedings of the 28th ACM SIGKDD Conference on Knowledge Discovery and Data Mining. SIGKDD, 2022: 585-593.

[25] SHANG J, MA T, XIAO C, et al. Pre-training of graph augmented transformers for medication recommendation[J/OL]. arXiv:1906.00346, 2019. https://arXiv.org/abs/1906.00346.

[26] ZHOU K. WANG H, ZHAO W X, et al. S3-REC: Self-supervised learning for sequential recommendation with mutual information maximization[C]//Proceedings of the 29th ACM International Conference on Information & Knowledge Management. ACM, 2020: 1893-1902.

[27] HOU Y, ZHANG J, LIN Z, et al. Large language models are zero-shot rankers for recommender systems[J/OL]. arXiv:2305.08845, 2023. https://arXiv.org/abs/2305.08845.

[28] LIU J, LIU C, LV R, et al. Is chatgpt a good recommender? A preliminary study [J/OL]. arXiv:2304.10149, 2023. https://arXiv.org/abs/2304.10149.

[29] GAO Y, SHENG T, XIANG Y, et al. Chat-REC: Towards interactive and explainable LLMS-augmented recommender system[J/OL]. arXiv: 2303.14524, 2023. https://arXiv.org/abs/2303.14524.

[30] FRIEDMAN L, AHUJA S, ALLEN D, et al. Leveraging large language models in conversational recommender systems[J/OL]. arXiv: 2305.07961, 2023. https://arXiv.org/abs/2305.07961.

[31] WU Y, XIE R, ZHU Y, et al. Personalized prompts for sequential recommendation[J/OL]. arXiv: 2205.09666, 2022. https://arXiv.org/abs/2205.09666.

[32] LI L, ZHANG Y, CHEN L. Generate neural template explanations for recommendation[C]//Proceedings of the 29th ACM International Conference on Information and Knowledge Management. ACM, 2020: 755-764.

[33] 刘强. 推荐系统：算法、案例与大模型[M]. 北京：人民邮电出版社，2024.

第5章 推荐系统的效果评估

5.1 基本概念

在当今的数字化时代，推荐系统作为连接用户与海量信息的重要桥梁，其性能优劣直接影响用户的满意度和商业应用是否成功。因此，如何科学、有效地评估推荐系统成为一个亟待解决的关键问题。

早期，推荐系统的评估主要依赖准确率这一单一指标，即系统预测用户选择的准确性。然而，随着研究的深入和应用的拓展，人们逐渐认识到仅凭准确率无法全面反映推荐系统的性能。因此，评估方法逐渐演变为综合考虑多个维度的综合性评估体系，包括准确性、多样性、新颖性、隐私保护、适应性、可扩展性等多个方面。

推荐系统在进行评估时一般采用三种不同类型的实验，分别是离线实验、用户调查、在线实验。离线实验是推荐系统评估中最常用且成本最低的方法，它利用历史数据集，通过模拟用户行为来评估推荐算法的性能；用户调查是通过招募一定数量的用户参与实际使用，并收集他们的反馈来评估推荐系统的用户体验；在线实验是在真实用户环境中进行的，能够直接反映推荐系统在实际应用中的性能。

5.2 实验设置

实验场景中，实验研究需遵循以下基本规则。

(1) 假设明确性：在执行任何实验之前，必须首先提出一个简洁且有限定条件的假设。该假设应明确指出研究目的与预期结果，并通过实验设计加以验证。例如，在推荐系统研究中，假设可能涉及算法预测精度的比较、系统扩展性的评估或用户偏好的分析等。

(2) 控制变量：为确保实验结果的准确性与可靠性，必须严格控制除目标变量外的所有其他变量。这就要求研究者在设计实验时，将所有不被测试的变量设为固定值或采用随机化分配等方法以消除其影响。例如，在比较不同推荐算法时，应确保用户群体、数据集等外部因素的一致性。

(3) 泛化能力：由实验得出的结论应具有超越具体语境的泛化性。这就要求研究者在多个数据集或应用上进行实验以验证结论的普遍适用性。同时，理解并考虑实验所用数据集的属性对于提高结论的泛化性至关重要。通过多样化数据的运用与综合分析，可以更加准确地评估推荐系统的性能与潜力。

5.2.1 离线实验

离线实验因无须真实用户参与、成本相对较低且易于实施而成为推荐系统评估的常用手段。离线实验的核心在于利用用户历史行为数据集模拟用户与系统的交互过程，以高效率、低成本的方式筛选和评估推荐算法。离线实验的优势在于能够大规模比较算法，但局限性在于评估范围有限，尤其是无法直接评估推荐系统对用户行为的实际影响。研究者通过预设的算法与数据集进行模拟推荐，以评估算法在预测精度、覆盖率等关键指标上的表现。然而，离线实验虽易于实施，但其结论需经后续实验验证以确保其有效性与可靠性。

离线实验的主要目的在于初步过滤不合适的算法，以及为后续的用户调查或在线实验提供精简的算法候选集。通过此阶段可以优化算法参数，使其在后续实验中具备更优的初始性能。

（1）数据集的选择与处理。

离线评估所用数据集应尽可能接近推荐系统在线部署后所面临的数据环境，以确保评估结果的有效性。在选择数据时，需警惕用户、物品及评分分布的偏置问题，避免引入系统性偏差。同时为减少实验成本，需对数据进行过滤，如删除交互次数较少的用户或物品，这特别容易引入新的偏差，需特别谨慎。随机采样作为另一种减少数据量的方法，虽较为理想，但也有可能引入其他偏差。已知偏差可通过重新加权等技术进行修正，但十分复杂。

数据集本身的特性也是造成偏差的重要原因。比如，当用户进行评分时，部分用户倾向于对极度喜爱或厌恶的物品进行评分，而其他用户则可能少有评价行为。此外，用户普遍存在对感兴趣物品进行评分的倾向，对不感兴趣或厌恶的物品则不评分，这种现象被学术界称为非随机缺失假设[1]。为了缓解此类偏差对评估结果的影响，研究者常采用数据重新取样或基于一定标准的重新加权技术[2-3]，可以在一定程度上恢复数据的平衡性和代表性。

（2）用户行为模拟。

为了有效评估推荐算法在离线环境下的性能，需构建一个能够模拟用户与系统交互过程的框架。这一过程涉及记录并分析用户历史交互数据，随后通过隐去部分数据来模拟用户的评分或选择行为。在选择隐去策略时，理想状态是尽可能贴近真实场景，但受限于计算成本和数据集规模，实际操作中常需妥协。

一种理想的模拟方法是利用时间戳信息，按用户与物品交互的时间顺序逐步构建预测模型，并尝试预测未来选择。然而，这种方法在大型数据集上实施的成本高昂。因此，实践中常采用更简化的方法，如将随机抽样特定时间段内用户的交互数据作为测试集，隐去该时间段后的所有交互，以模拟推荐系统的实时推荐过程。另一种方法是针对每个测试用户设定独立的测试时间点，之后隐藏其所有交互物品，这种方法侧重于用户行为顺序的模拟，而非绝对时间。最后，当时间戳信息不可用时，采取一种更为简化的方法，即直接为每位测试用户指定隐去一定数量的物品，这一做法假设时间因素在用户选择中不占主导地位。这三种策略各有侧重，但核心均在于将数据集合理划分为训练集与测试集，以贴近实际应用场景。

尽管上述方法提供了灵活多样的用户行为模拟策略，但它们在实际应用中仍存在局限性。特别是“给定 n”或“除去 n”的设置，在分析和比较算法性能时虽具有参考价值，但在实际应用中可能因用户行为的复杂性和多样性而导致偏差。例如，当假设用户恰好对 n 个物品打分时，可能忽略了用户的实际兴趣与推荐结果之间的关联性，从而影响在线推荐的准确性。

(3) 复杂用户建模。

为了进一步提升推荐系统的性能，构建复杂用户模型成为研究热点。这类模型能够更深入地理解用户行为背后的动机和偏好，从而生成更符合用户需求的推荐结果。与简单用户建模相比，高级用户模型能够更准确地模拟用户与系统之间的交互过程，减少因模型简化而引入的偏差。

然而，设计复杂用户模型并非易事。首先，用户行为具有高度的复杂性和不确定性，难以用简单的规则或模型完全描述。其次，即使能够构建出看似合理的用户模型，也可能因模型本身的不准确性而导致推荐系统性能下降。最后，复杂模型的验证和调优也是一项艰巨的任务，需要耗费大量的时间和资源。因此，在采用复杂用户模型时，需权衡其带来的潜在收益与可能的风险。一方面，应充分利用现有研究成果和技术手段，不断优化和完善用户模型；另一方面，需对模型的应用场景和性能表现进行充分的测试和评估，确保其在实际应用中能够发挥预期效果。同时，对于过于复杂且难以验证的用户模型应保持谨慎态度，避免盲目信任其生成的推荐结果。

5.2.2 用户调查

在推荐系统的评估过程中，鉴于模拟真实用户与系统交互的复杂性，离线测试往往难以全面反映系统性能。因此，收集真实用户与系统的交互数据成为评估推荐系统合理性的关键步骤。用户调查作为一种直接的方法，通过招募受试对象执行与系统的交互任务，不仅能够测试用户行为，还能深入探究推荐对用户行为的具体影响。

用户调查通常包括三个环节：首先，招募一组具有代表性的受试对象；其次，设计一系列与推荐系统交互的任务，让受试对象在完成任务的过程中与系统产生真实的交互；最后，在任务执行的不同阶段，通过观察和记录受试对象的行为，收集量化的数据(如任务的完成度、准确性、耗时等)以及定性的反馈(如界面喜好、任务难易程度等)。

用户调查的优势在于能够直接测试用户与系统交互的真实场景，验证推荐对用户行为的实际影响，并收集到宝贵的定性数据以辅助解释量化结果。此外，由于可以直接监控用户行为，用户调查通常能够获取丰富的量化评估数据，为深入分析提供坚实的基础。

然而，用户调查也面临诸多挑战。首先，其执行成本高昂，需要投入大量人力、物力去招募受试对象并设计任务，限制了测试范围和重复次数。其次，受试对象的代表性问题不容忽视，需确保受试群体能够真实反映目标用户群的特征，避免实验结果出现偏差。最后，实验过程中可能存在的心理效应(如迎合实验者期望)也可能影响数据的客观性。

为了克服用户调查的局限，可采用以下策略：一是尽可能在较低粒度下收集用户交互数据，以便未来深入分析，这有助于减少因评测遗漏而需要进行的连续实验；二是进行试验性用户调查以检测系统漏洞和故障，但需注意区分此类数据与正式评估数据；三是确保受试对象与真实用户群的高度一致性，避免样本偏差；四是在进行实验设计时尽量避免向受试对象透露实验目的，以减少心理效应对结果的影响。

(1) 受试对象间与受试对象内的比较。

在用户体验测试中，为了有效地评估和对比多种候选方法，需要精心设计实验方案。这主要包括受试对象间的比较与受试对象内的比较，以及如何控制实验变量和有效利用调查问卷。

受试对象间比较(A-B测试)：每个受试对象仅被分配一种候选方法，确保实验环境贴近真实的使用场景。此设置的优势在于能够观察用户如何长期适应系统，并绘制出学习曲线。然而其显著缺点在于需要大量用户数据和交互时间，从而增加了实验的复杂性和成本。

受试对象内比较：每个受试对象会在不同任务上测试所有候选方法。这种方法能够提供更丰富的数据，是由于避免了用户间差异对实验结果的影响。但受试对象可能因意识到实验的存在而表现出偏差，增加了控制实验条件的难度。

(2) 变量影响的控制与消除。

在展示实验结果时，无论是顺序显示还是混合显示，都需要考虑未测试变量可能引入的偏差。例如，结果的展示顺序或位置可能影响用户的评价。为了消除这些偏差，常采用拉丁方过程来随机化结果的呈现顺序，从而确保实验结果的公正性。

(3) 调查问卷的有效利用。

用户调查是收集用户反馈的重要工具，通过精心设计的问卷可以在任务前、中、后期获取受试对象的心理状态、喜好等信息。设计问卷时需特别注意问题的中立性和避免引导性答案，以免误导用户或引发不真实的回答。此外，还需考虑用户的隐私顾虑，确保问题不会引起不适或反感。

5.2.3 在线实验

推荐系统的设计是为了理解并影响用户行为。因此，评估用户与不同推荐系统互动时的行为变化显得尤为重要。当系统能够引导用户更频繁地采纳推荐或显著提升用户体验时，即可视为系统效能提升。推荐系统的效能受多种因素制约，包括用户意图、个性特征、上下文环境及界面设计等。

为了获取真实且有力的系统效能证据，在线评估成为不可或缺的一环。它要求真实用户在执行实际任务时与系统进行互动，从而直接反映系统在实际应用中的表现。相较于离线测试，在线评估能够更准确地评估系统的综合效能，尤其是那些难以通过单一指标量化的用户体验和行为变化。

为了对多个推荐算法进行比较，构建能够同时运行多个算法的在线测试系统至关重要[4]。这类系统通过随机分配用户到不同的推荐引擎，并记录用户与系统的交互数据，从而实现对算法效能的量化评估。这种对比方式有助于得出不同算法的相对排名，而非孤立的绝对数值。

在进行在线评估时，需特别注意实验设计的公平性。随机选择用户样本是确保实验结果体现公平的关键。同时，根据评估目标的不同(如算法准确性或用户界面友好性)，需保持其他因素不变，以准确反映目标变量的影响。

尽管在线评估具有显著优势，但其潜在风险也不容忽视。不恰当的推荐可能导致用户流失，对商业应用构成威胁。因此，在进行在线评估前，应确保候选方法已经过充分的离线验证和用户态度调查，以降低用户不满的风险。

在线评估的独特之处在于能够直接评测系统长期目标(如利润增长和用户留存)的实现情况。这不仅有助于理解系统属性(如推荐的准确性和多样性)对整体目标的影响，还能揭示属性之间的复杂关系。然而，由于属性间的相互依赖性和在线对比的高成本，全面解析这些关系仍具挑战性。

5.3 推荐系统属性

在构建推荐系统时，系统设计者需综合考虑一系列属性，这些属性对于选择合适的推荐算法至关重要。由于不同应用场景的需求各异，理解并评估这些属性之间的权衡关系，以及它们对系统整体效果的影响，成为设计过程中的关键。

5.3.1 用户偏好

推荐系统的属性如多样性、准确率等往往相互制约。系统设计者需要在这些属性之间寻找最佳平衡点，以满足应用的具体需求。为了准确评估用户对不同系统的偏好，用户调查成为一种常用方法。简单的投票机制可能忽略了用户权重的差异，以及用户偏好强度的不同，因此在设计用户调查时，需要采用无二义性的问题设计，并尽可能地考虑用户权重分配，以确保评估结果的准确性和公正性。

此外，了解用户偏好背后的原因对于系统改进至关重要。将用户满意度分解为更细化的因素，可以更有效地识别并优化系统的不足之处。

5.3.2 预测精度

预测精度作为推荐系统研究的核心属性之一，受到了广泛的关注。为了更准确地评估推荐系统的预测精度，可以采用多种评价指标，包括评分预测精度、使用预测精度和物品排名预测精度等。这些指标从不同维度衡量了系统的预测能力，有助于系统设计者全面了解系统的性能表现。

在线实验和用户调查在评估预测精度方面各有优劣。在线实验能够直接反映用户在真实使用场景下的行为，但成本较高且存在风险，而用户调查则可以在一定程度上弥补这一不足，通过精心设计问题和调查方式，可获取用户对系统性能的直观感受。

1. 评分预测精度

在预测用户对物品评分(如 1 至 5 星)的精度时，选择恰当的评价指标至关重要。这类预测任务的核心在于如何衡量预测评分与真实评分之间的接近程度。常用的评价指标有均方根误差(RMSE)和平均绝对误差(MAE)。

RMSE 是衡量预测误差的一种标准方法，它通过计算预测评分与真实评分之间差异的平方和的平均值的平方根来量化误差。其公式为

$$\mathrm{RMSE}=\sqrt{\left[\sum_{ui\in T}(r_{ui}-\hat{r}_{ui})^2\right](|T|)^{-1}} \tag{5-1}$$

RMSE 的一个显著特点是它会对较大的误差给予更重的惩罚，因此在预测误差分布不均的情况下，RMSE 能够提供比 MAE 更敏感的指示。

与 RMSE 不同，MAE 通过计算预测评分与真实评分之间差异的绝对值的平均值来评估误差，其公式为

$$\mathrm{MAE}=\left[\sum_{ui\in T}|r_{ui}-\hat{r}_{ui}|\right](|T|)^{-1} \tag{5-2}$$

MAE 对所有误差一视同仁，不考虑误差的方向或大小比例，因此在预测误差分布较为均匀时，MAE 能提供直观且稳定的性能评估。

2. 使用预测精度

在许多实际应用场景(如电影评分系统)中，推荐系统的核心目标并非预测用户对特定物品的具体评分，而是精准地为用户推荐他们可能会实际使用或享受的物品。例如，用户将某部电影加入播放列表时，系统会基于这一行为推荐一系列潜在的感兴趣的电影。此时，

评估系统的焦点便转移到了预测用户是否会采纳推荐物品的能力上，而非物品评分的准确性。

离线评估的这一预测能力，通常依赖包含用户历史使用记录的数据集。测试过程中，会从某位用户的已知选择中隐藏一部分，随后要求推荐系统生成一个可能吸引该用户的物品列表。针对这些推荐与隐藏的物品，可以归纳出 4 种可能的交互结果(见表 5－1)，这些结果构成了评估推荐系统性能的基础。

表 5－1　推荐物品分类结果

物品分类	被使用	未被使用
被推荐	t_p	f_p
未被推荐	f_n	t_n

由于评估数据并非由推荐系统直接生成，因此，假设那些未被用户实际使用的物品，即便被推荐，也不会被采纳，即假定它们对用户而言缺乏吸引力或实用性。然而，这一假设存在局限性，因为现实中用户可能因未察觉到某些物品的存在而错过它们，一旦这些物品被推荐，用户或许会产生兴趣。在这种情况下，可能会高估假阳率(即错误推荐的比例)。

为了量化推荐系统的性能，采用准确率 P、召回率 R(真阳率)和假阳率 F，这些指标分别衡量了推荐列表中用户真正感兴趣的物品的比例、系统成功识别用户兴趣的比例，以及错误推荐给用户不感兴趣的物品的比例，计算公式分别为

$$P = t_p (t_p + f_p)^{-1} \tag{5-3}$$

$$R = t_p (t_p + f_n)^{-1} \tag{5-4}$$

$$F = f_p (f_p + t_n)^{-1} \tag{5-5}$$

式中：

t_p——被推荐并被使用的样本个数；

f_p——被推荐未被使用的样本个数；

f_n——未被推荐却被使用的样本个数；

t_n——未被推荐也未被使用的样本个数。

在实际应用中，推荐列表的长度往往是一个重要的考虑因素。更长的列表可能提高召回率，但也可能牺牲准确率。若推荐数量固定，如新闻应用的头条推荐，则 Top-N 准确率成为评估推荐质量的关键指标。对于推荐长度不固定的场景，绘制准确率和召回率的比较曲线(即准确率-召回率曲线)或真阳率与假阳率的比率曲线(ROC 曲线)则能提供更全面的性能评估。

准确率-召回率曲线侧重于用户真正感兴趣的物品在推荐列表中的占比，而 ROC 曲线则更关注那些被推荐但用户并不喜欢的物品的比例。选择哪种曲线取决于具体应用的特性

和目标。例如，图书借阅系统可能更看重准确率，因为不合适的推荐对用户体验的影响较小；而面向销售的推荐系统，如通过邮件推广商品，则可能更倾向于使用ROC曲线，以便在控制成本的同时使潜在的销售机会最大化。

比较不同算法时，如果它们的性能曲线存在明显优劣，选择便相对简单。如果性能曲线相交，则需基于应用的具体需求和背景知识进行选择。此外，F-measure也可用于辅助评估，它是P和R的调和平均值。

$$F\text{-measure} = 2 \times P \times R\ (P + R)^{-1} \tag{5-6}$$

3. 排序指标

在评估推荐系统为用户提供的物品排序性能时，特别是推荐结果以列表形式展示时，物品排名的准确度尤为重要。这不同于预测具体评分或选择推荐物品集合的传统方法，而是侧重于系统能否准确地将用户偏好的物品置于排序列表的前端。

衡量排序的准确度有两种方法。一种是排序顺序的直接评估，这种方法直接比较系统排序与参考排序(即理想中的用户偏好顺序)的一致性。目标是量化系统排序与真实用户偏好的接近程度。另一种是排序效用的评估，该方法是评估排序列表对用户而言的实用价值，即该列表是否有效地帮助用户快速发现他们可能喜欢的物品。关于这两种方法的详细内容请参考文献[5-10]。

5.3.3 覆盖率

推荐系统的性能评估常会遇到"长尾"或"重尾"问题，即系统往往能较好地推荐那些广受欢迎、数据丰富的物品，而对于冷门或评分少的物品则显得力不从心。为了更全面地评估推荐系统的效果，覆盖率是一个关键指标，它可以从不同维度来考察系统推荐的广泛性和均衡性。

物品空间覆盖率又称目录覆盖率，衡量的是系统能够推荐的物品占整个物品集合的比例。最直观的计算方式是统计被推荐过的物品数量与总物品数量的比值。更精细的方法则会考虑物品被推荐的频率或权重，如基于流行度或用户反馈来加权，以确保高关注度物品不被忽视。

用户空间覆盖率关注的是系统能够为多少比例的用户提供有效推荐。在现实中，某些用户可能由于数据稀缺或行为模式特殊而难以获得高质量的推荐。因此，一个优秀的推荐系统应尽可能地覆盖更广泛的用户群体。

5.3.4 置信度

置信度是衡量系统推荐或预测结果可靠性的关键指标。随着数据量的增长，协同过滤等算法的准确性通常会提升，同时，被预测的属性或推荐的置信度也会相应增强。

当系统为某个推荐赋予低置信度时，用户可能会选择查看更多选项以做出更明智的决定。例如，两部评分相近的电影被推荐时，若其中一部具有高置信度，用户可能立即选择观看；而另一部虽评分相同但置信度较低，用户则可能先了解其剧情简介，再决定是否观看或继续寻找其他选项。

置信度的度量方法多样，最常见的是通过计算预测值成为真实值的概率，或确定预测值落在真实值一定范围(如 95%置信区间)内的可能性。这可以通过为预测结果提供完整的概率分布来实现，从而更全面地评估预测的不确定性。

在比较两个推荐系统时，若它们在预测精度上相当，则能提供更为准确的置信度的系统往往更受青睐。这意味着即便两个系统的预测精度相同，能更精确地估算置信区间的系统会更具优势。

标准置信区间的估计可以在离线实验中完成，与预测精度的评估方法类似。通过设计特定指标来衡量置信度与真实预测误差的接近程度，可以评估不同系统的置信度表现。但是，需注意推荐算法与置信度度量方法之间的一致性，以免出现高估或低估置信度的情况。

在实际应用中，置信区间还可用于过滤推荐结果。通过设置置信度阈值，可以排除那些置信度较低的推荐项，从而提高推荐列表的整体质量。在 Top-N 推荐场景中，这有助于系统在无法保证足够置信度时减少推荐数量，而不会影响其准确性评估。

5.3.5 信任度

信任度关注的是用户对推荐系统及其推荐结果的信赖程度。增加用户信任的方法多种多样，包括推荐用户已知或喜欢的物品，以及提供推荐解释。

评估用户信任度的一个直接方法是用户调查，询问用户认为该推荐系统是否合理，通过对用户反馈的分析来评估用户信任度。在线实验中，也可以通过观察用户行为，如用户的推荐接受率和使用频率，来间接评估信任度。但是，这些方法可能受到其他用户满意度因素的影响，因此需谨慎解读结果。

目前，离线实验中直接度量信任度的方法尚不完善，因为信任是在用户与系统长期交互过程中逐渐建立的。尽管如此，综合分析用户行为数据、调查反馈以及系统性能指标，仍可以形成对用户信任度的初步评估。

5.3.6 新颖性

新颖性是指系统能够为用户推荐他们尚未了解或未接触过的物品的能力。这一特性对于提升用户体验和满足用户需求至关重要。然而，简单地过滤掉用户已知的物品并不足以全面实现新颖性推荐，因为用户的已知范围往往难以准确界定。

进行用户调查，直接询问用户对推荐物品的新颖性感知是一种直观且有效的方法。通过用户反馈，可以了解推荐系统是否成功地向用户展示了他们不熟悉但可能感兴趣的物品。也有一些研究认为，流行的物品往往更容易被用户所熟知，因此其新颖性相对较低。新颖性衡量的是推荐列表中物品的不流行度，让用户觉得新颖的物品，其流行程度往往不高。通常采用平均流行度 $N(L)$[11] 测量新颖性，即将新颖性转化为衡量推荐系统推荐冷门物品的能力。

$$N(L) = |M|^{-1} \sum_{u_i \in M} \left(L^{-1} \sum_{o_\alpha \in L_i} k_\alpha \right) \tag{5-7}$$

式中：

k_α——选择物品 o_α 的用户数。

在追求新颖性的同时，必须保持推荐的准确性。无关的推荐虽然新颖，但可能无法吸引用户的兴趣。因此，需要在新颖性和准确性之间找到一个平衡点。

5.3.7 多样性

多样性指标是衡量推荐系统覆盖用户兴趣领域广度的指标。本研究通过推荐列表中物品之间的差异性程度衡量多样性。多样性衡量有两个层面，分别是外部多样性和内部多样性。外部多样性衡量的是推荐系统对不同用户给出的推荐列表之间的差异性；内部多样性衡量的是单个用户推荐列表中物品的两两差异性。

(1) 外部多样性。

本文使用汉明距离 $H(L)$[12] 衡量外部多样性，即衡量同一推荐系统为不同用户生成的推荐列表的差异性。假设 L 为推荐列表长度，用户 u_i 和 u_j 推荐列表中的重合物品数量为 Q_{ij}，即 $Q_{ij} = |O_i^L \cap O_j^L|$，其中，$O_i^L$ 和 O_j^L 分别表示对用户 u_i 和 u_j 给出长度为 L 的推荐列表，那么用户 u_i 和 u_j 的汉明距离为 $1-Q_{ij}L^{-1}$，推荐算法的汉明距离为所有用户的汉明距离的平均值。汉明距离越大，则推荐算法的多样性越强。当汉明距离为 0 时，表示两个用户的推荐列表完全不同；当汉明距离为 1 时，表示两个用户的推荐列表完全相同。整个推荐系统的汉明距离为测试集中所有用户的汉明距离的平均值。

$$H(L) = [\,|M|(|M|-1)]^{-1} \sum_{u_i,\, u_j \in M,\, i \neq j} (1 - Q_{ij} L^{-1}) \tag{5-8}$$

式中：

M—— 用户集。

(2) 内部多样性。

内部多样性使用类内相似性 $I(L)$[13] 来衡量。类内相似性可以用来衡量单个用户推荐列表中物品间的相似性。推荐列表中物品之间的相似性计算公式为

$$s_{\alpha\beta} = \left(\sqrt{k_\alpha k_\beta} \right)^{-1} \sum_{u_i \in M} a_{i\alpha} a_{i\beta} \tag{5-9}$$

用户 u_i 的类内相似性为

$$I_i(L) = [L(L-1)]^{-1} \sum_{o_\alpha, o_\beta \in L_i, \alpha \neq \beta} s_{\alpha\beta} \tag{5-10}$$

整个推荐系统的类内相似性为

$$I(L) = |M|^{-1} \sum_{u_i \in M} I_i \tag{5-11}$$

式中：

L_i—— 推荐给用户 u_i 的物品集。

在追求多样性的同时，必须考虑它对其他关键属性(如准确性)的影响。为了平衡这两者之间的关系，可以绘制精度-多样性曲线，直观地展示精度随着多样性的增加有何变化。这种方法有助于在保持一定精度的前提下，优化推荐列表的多样性。

5.3.8 效用

推荐系统的核心目标之一是提升销售效果。推荐系统通过优化特定的效用函数来实现这一目标，而效用函数的设计则直接关系到推荐效果的评价与改进。

效用是指系统或用户从推荐服务中获取的价值或满足度。在推荐系统的语境下，效用不仅关乎推荐的准确性，还涉及推荐的多样性、惊喜度等多维度指标。对于旨在提升销售量的推荐系统而言，衡量推荐的期望效用往往比单纯追求推荐精度更为重要。

效用的衡量有两个角度：一是推荐系统自身，二是用户。从系统角度看，效用可能直接关联销售额、点击率等可量化的指标；从用户角度看，效用衡量则更为复杂，因为用户的偏好、满意度等主观感受难以直接量化。尽管有大量研究致力于捕捉和建模用户效用，但这一过程仍充满挑战。

用户效用的复杂性体现在多个方面。首先，不同用户对同一推荐的感受可能大相径庭，这取决于他们的个人喜好、需求及先前经验。其次，即使用户能够给出明确的反馈(如评分)，这些反馈也可能因用户的评分习惯、标准不一而难以直接比较。因此，在整合用户效用以评价推荐系统时，需要谨慎处理这些差异，以确保评价的公正性和准确性。

推荐系统采用多种类型的效用函数。例如，在可评分的应用场景中，评分可以直接作为效用度量，但前提是需要对评分进行标准化处理以消除用户间的差异。此外，还可以为成功的推荐分配正效用，为不成功的推荐分配负效用，以惩罚系统并促使其改进。

在推荐多个物品的任务中，推荐系统的标准评估是计算推荐的期望效用的总和。这一总和可以包括所有成功推荐的效用，也可以包含对失败推荐的负效用惩罚。为了优化推荐列表的排序，还可以将效用整合到排序度量中，以确保用户首先看到最具价值的推荐。

5.3.9 隐私保护

在协同过滤等推荐系统中，虽然用户愿意分享其偏好以换取更精准的推荐，但隐私保护同样是不容忽视的要素。用户期望他们的个人喜好不被第三方轻易获取或滥用，以维护个人生活的私密性。在设计推荐系统时，必须高度重视隐私保护问题。研究者通过评估隐私泄露风险、定义隐私保护等级（如 k-识别）[14] 等方式，探索如何在保证推荐效果的同时，最大限度地减少用户隐私的泄露。隐私保护与推荐准确率之间往往存在权衡关系，如何在两者之间找到最佳平衡点，是推荐系统设计中需要重点考虑的问题。

5.3.10 适应性

推荐系统在实际应用中面临着多种环境的挑战，尤其是在物品集快速更新或用户兴趣频繁变动的场景下。新闻推荐系统就是一个典型的例子，新闻故事可能迅速过时，而突发事件（如台风）则会引发公众对相关话题的浓厚兴趣。

因此，推荐系统需要具备高度的适应性。一方面，系统需要能够快速识别并响应新兴的兴趣趋势，为用户提供及时、相关的推荐；另一方面，系统还需要在用户个人偏好发生变化时，及时调整推荐策略，确保推荐的准确性和个性化。

评估推荐系统的适应性可以通过多种方式进行。一种是在离线环境下，通过模拟连续推荐过程，记录推荐算法在特定条件下所需的信息量和反应速度；另一种是关注用户评分和画像变化对推荐结果的影响，利用基尼系数、香农熵等指标来量化用户画像变化时推荐列表的变化程度。通过这些评估手段，可以比较不同算法在适应性和准确性之间的表现，为推荐系统的优化提供有力支持。

5.3.11 可扩展性

在推荐系统中，系统具备良好的可扩展性是指在数据量显著增加时，系统性能不会急剧下降，且能在合理的时间和资源消耗内完成推荐任务。

可扩展性评估的核心在于平衡系统性能与资源消耗之间的关系。随着数据集规模的扩大，大多数算法都会面临性能瓶颈，处理速度下降，资源需求激增。因此，评估算法复杂度（包括时间和空间复杂度）是评估可扩展性的重要途径。然而，由于不同算法可能通过调整参数来优化性能，直接比较复杂度并不总能提供全面的评估。

为了更准确地度量可扩展性，在大型数据集上进行系统的真实测试至关重要。测试时应记录系统在不同数据集规模下的运行速度和资源消耗情况，以揭示其应对数据增长的能力。同时，还需评估系统的协调能力和稳定性，以确保在数据量增加时，系统仍能维持一定的准确性或至少展现出与候选算法相比之下的优势。

对于需要在线快速响应的推荐系统，推荐速度和延迟时间成为关键的性能指标。吞吐量（每秒处理的推荐数量）和延迟时间（单次推荐所需时间）是衡量系统实时性能的重要指标。通过优化这些指标，可以确保系统在用户交互过程中提供流畅、即时的推荐体验。

本章小结

本章深入探讨了推荐算法的评价机制，这对于提升推荐系统的整体性能和用户体验具有重要意义。首先，介绍了在线与离线评估以及用户研究在推荐系统设计中的重要性；其次，详细讨论了多个关键评价指标；最后，对推荐系统的一些重要属性进行了深入分析，如准确性、多样性、新颖性、覆盖率、隐私性、适应性和可扩展性等。针对每种属性，都提供了相应的实验方法和评价标准，以指导在不同场景下对推荐算法进行排名和选择。对于较少被关注的属性，本章也进行了简要介绍，可为未来的研究和实践提供参考。

本章参考文献

[1] MARLIN B M, ZEMEL R S. Collaborative prediction and ranking with non-random missing data[C]//ACM Conference on Recommender Systems. ACM, 2009: 5-12.

[2] STECK H. Item popularity and recommendation accuracy[C]//Proceedings of the 5th ACM Conference on Recommender Systems. ACM, 2011: 125-132.

[3] STECK H. Evaluation of recommendations: Rating-prediction and ranking[C]//Proceedings of the 7th ACM Conference on Recommender Systems. ACM, 2013:213-220.

[4] KOHAVI R, LONGBOTHAM R, SOMMERFIELD D, et al. Controlled experiments on the web: survey and practical guide[J]. Data mining & knowledge discovery, 2009, 18(1): 140-181.

[5] YAO Y Y. Measuring retrieval effectiveness based on user preference of documents[J]. Journal of the American society for information science & technology, 1995, 46(2): 133-145.

[6] YILMAZ E, ASLAM J A, ROBERTSON S. A new rank correlation coefficient for information retrieval[C]//Proceedings of the 31st Annual International ACM SIGIR Conference on Research and Development in Information Retrieval. ACM, 2008: 587-594.

[7] BREESE J S, HECKERMAN D, Kadie C. Empirical analysis of predictive algorithms for collaborative filtering[J]. Uncertainty in artificial intelligence, 2013, 98(7): 43-52.

[8] SHANI G, HECKERMAN D, BRAFMAN R I, et al. An MDP-based recommender system[J]. Journal of machine learning research, 2005, 6(1): 1265-1295.

[9] JAERVELIN K, KEKAELAEINEN J. Cumulated gain-based evaluation of IR techniques[J]. Acm transactions on information systems, 2002, 20(4): 422-446.

[10] JUNG S, HERLOCKER J L, Webster J. Click data as implicit relevance feedback in web search[J]. Information processing & management, 2007, 43(3): 791-807.

[11] WANG X, LIU Y, ZHANG G, et al. Diffusion-based recommendation with trust relations on tripartite graphs[J]. Journal of statistical mechanics: Theory and experiment, 2017, 2017(8): 083405.

[12] LIU Y, HAN L, GOU Z, et al. Personalized recommendation via trust-based diffusion[J]. IEEE access, 2019, 7: 94195-94204.

[13] CHEN G, GAO T, ZHU X, et al. Personalized recommendation based on preferential bidirectional mass diffusion[J]. Physica A: Statistical mechanics and its applications, 2017, 469: 397-404.

[14] FRANKOWSKI D, COSLEY D, SEN S, et al. You are what you say: Privacy risks of public mentions[C]// Proceedings of the 29th Annual International ACM SIGIR Conference on Research and Development in Information Retrieval. ACM, 2006: 565-572.

第6章 推荐系统中的召回算法与排序算法

在复杂的企业级推荐系统中，面对动辄数以亿计的推荐候选集(即所有潜在的可被推荐物品)，直接对如此庞大的集合进行精细化的推荐处理不仅效率低下，而且计算资源消耗巨大。因此，推荐系统通常采用一个两阶段的策略：召回与排序。

6.1 召回算法概述

设计召回算法的初衷在于高效性与初筛的有效性。由于需要在大规模数据集中快速完成筛选，召回算法往往倾向于采用计算复杂度较低的模型或策略。这些召回算法旨在通过简单而高效的策略，从庞大的候选集中快速筛选出用户可能感兴趣的少量物品(通常几百到几千个)，为后续的精细排序奠定基础，召回过程如图6-1所示。这一过程显著降低了后续的排序阶段的计算负担，并实现了对复杂推荐问题的有效解耦。

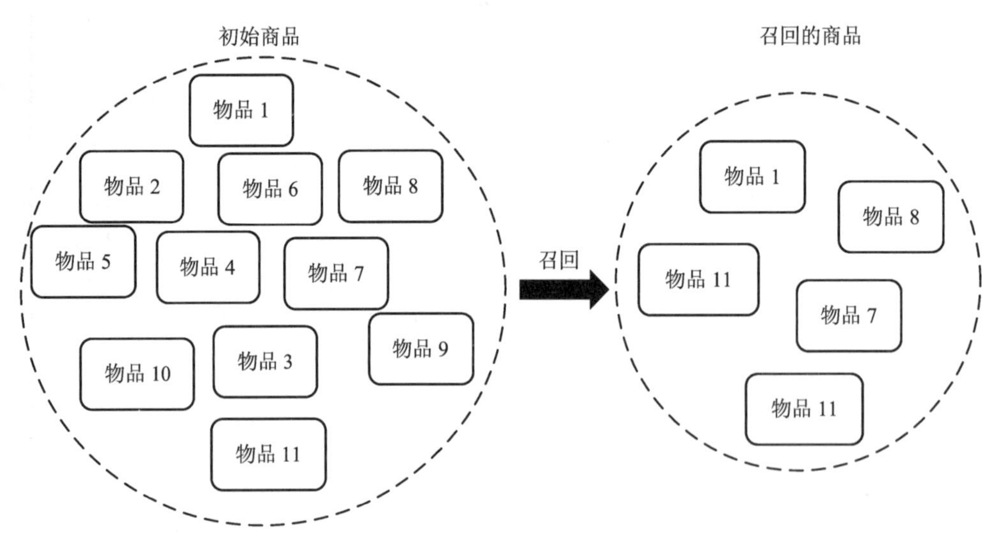

图6-1 召回过程

召回算法在精确性上可能不及在排序阶段所使用的复杂模型，但它确保了推荐流程的高效启动，并为最终推荐结果的多样性奠定了基础。

为了尽可能全面地覆盖用户可能感兴趣的物品，避免在初筛阶段遗漏重要信息，推荐系统通常会采用多种召回算法并行工作。这些召回算法基于不同的原理、假设和策略，从多个维度对候选集进行筛选。这种多路召回的策略类似于机器学习中的集成学习方法，通过结合多个“专家”的意见，提高整体推荐的准确性和多样性。

6.2 常用的召回算法

6.2.1 基于关联规则的召回算法

在数据挖掘领域，关联规则作为一种强大的分析工具，被广泛应用于发现数据集中项集之间的有趣关系。最著名的例子莫过于“啤酒与尿布”的故事，它生动展示了通过数据分析能够揭示出看似不相关商品之间的潜在联系。本节旨在深入探讨关联规则在推荐系统召回算法中的应用，并阐述其原理与实现步骤。

1. 关联规则的基本概念

设 $P=\{p_1, p_2, \cdots, p_n\}$ 为所有物品的集合(在零售场景下的商品集合)。关联规则为 $X \Rightarrow Y$，其中 X，$Y \subseteq P$ 且 $X \cap Y = \varnothing$。这一规则表明，如果用户购买的物品集合中包含集合 X，则用户很可能也购买了集合 Y 中的物品。

为了评估关联规则的有效性，通常采用以下两个指标来衡量。

(1) 支持度(Support)：同时包含 X 和 Y 的交易在所有交易中的比例，衡量了 X 和 Y 同时出现在一次交易中的频率。

$$\text{Support}(X \Rightarrow Y) = \frac{|\{T \mid T \subseteq D, X \cup Y \subseteq T\}|}{|D|} \tag{6-1}$$

其中：D 是所有交易的集合，T 是同时包含 X 和 Y 的交易。支持度高表明 X 和 Y 共同出现的频率较高，意味着 $X \Rightarrow Y$ 有较多的样本支撑。

(2) 置信度(Confidence)：包含 X 的交易中同时包含 Y 的比例，反映了在 X 已知的情况下，Y 出现的条件概率。

$$\text{Confidence}(X \Rightarrow Y) = \frac{|\{T \mid T \subseteq D, X \cup Y \subseteq T\}|}{|T \mid T \subseteq D, X \subseteq T|} \tag{6-2}$$

高置信度增强了从 X 推断 Y 的可靠性。

2. 关联规则在召回算法中的应用

在推荐系统中，用户的操作记录(如点击、购买等)可以被视为一个“购物篮”。关联规则 $X \Rightarrow Y$ 的应用逻辑在于，若用户的历史行为中包含了 X 中的所有物品，则系统可推测用

户可能对 Y 中的物品感兴趣。

算法流程分为四步。

(1) 规则挖掘。利用关联规则挖掘算法(如 Apriori、FP-Growth 等)从用户行为数据中挖掘出所有满足预设支持度和置信度阈值的关联规则 $X \Rightarrow Y$。

(2) 规则筛选。针对特定用户 u,筛选出所有满足 $X \subseteq A$ 的关联规则,A 是用户 u 操作过的物品集合。

(3) 生成召回候选集。根据筛选出的规则,构建召回候选集 $S = U_{X \subseteq A,\ X \Rightarrow Y}\{y \mid y \in Y,\ y \notin A\}$,即合并所有符合条件的 Y 集合,并排除用户已操作过的物品。

(4) 排序与推荐。对候选集 S 中的物品按置信度(或支持度与置信度的乘积)进行降序排序,选取前 N 个物品作为最终推荐给用户 u 的结果。

尽管基于关联规则的召回算法简单且直观,但在实际应用中需注意其计算复杂度。当物品数量庞大且用户行为记录丰富时,计算过程可能变得非常耗时。因此,该算法更适用于用户数量和物品数量适中的推荐场景。此外,Spark MLlib 等分布式计算框架提供了 FP-Growth 和 PrefixSpan 等算法的高效实现,有助于在大规模数据集上应用关联规则。

6.2.2 基于聚类的召回算法

在机器学习中,聚类算法作为无监督学习的一种重要形式,被广泛应用于数据分组与模式识别。其中,*k*-means 聚类算法简洁高效,成为最为广泛采用的聚类方法之一。本节以 *k*-means 聚类算法为核心,探讨其在召回系统中的应用,特别是在个性化推荐与物品关联推荐场景下的实施策略。

1. *k*-means 聚类算法概述

k-means 算法的基本思想是将数据集中的样本点划分为 k 个簇(cluster),每个簇由其中心点(centroid)表示,且簇内样本点与该簇中心点的距离之和最小。算法的执行流程可归纳如下。

(1) 初始化:从数据集中随机选择 k 个样本点作为初始簇中心,这些中心点的选择应尽可能保持相互间的距离较远,以增强聚类的初始分散性。

(2) 分配步骤:遍历数据集中的每个非中心点样本,根据其与各簇中心点的欧氏距离,将其分配到距离最近的簇中。

(3) 更新步骤:对于每个簇,重新计算其中心点,通常取簇内所有样本点在各维度上的均值作为新的中心点。

(4) 迭代收敛:重复分配与更新步骤,直至达到预设的最大迭代次数 M 或簇中心点的变化量小于某一预定阈值,表明算法已收敛至稳定状态。

2. *k*-means 在召回系统中的应用

(1) 基于用户聚类的召回策略。

在推荐系统中，基于用户聚类的召回方法旨在通过识别用户群体中的相似性来推荐潜在感兴趣的物品。首先对用户群体进行聚类分析，随后利用同一聚类内其他用户的物品交互历史为当前用户生成召回列表。具体策略及其实施细节如下。

给定用户 u，其召回集合 $\text{Rec}(u)$ 由以下公式定义：

$$\text{Rec}(u) = U_{u' \in U}\{v \mid v \in A(u') \land v \notin A(u)\} \tag{6-3}$$

其中：U 表示用户 u 所属的聚类，$A(u')$ 和 $A(u)$ 分别表示用户 u' 和用户 u 的操作历史(如点击、购买等)集合。式(6 - 3)旨在收集所有与用户 u 在同一聚类内但用户 u 尚未交互过的物品。

当通过式(6 - 3)得到的召回集合较大时，需要采取策略来优化选择过程。常见的两种方法如下。

① 随机选择：从召回集合中随机选取 N 个物品作为最终的召回结果。这种方法简单直接，但可能忽略用户对不同物品的潜在偏好差异。

② 偏好度排序：构建一种基于用户相似性和物品评价的偏好度计算方法。例如，可以将用户 u' 到其聚类中心的距离与用户 u' 对物品 v 的评分(或某种形式的偏好度量)的乘积作为用户 u 对物品 v 的偏好度。随后，根据这一偏好度对召回集合中的物品进行降序排列，选取 Top-N 作为最终的召回结果。这种方法更加精细地考虑了用户间的相似性和用户对物品的个体偏好。

实施基于用户聚类的召回策略前，需要有效地对用户进行聚类。以下是一些常见的用户聚类方法。

① 社交网络关系聚类：在社交网络产品中，可以利用用户之间的好友关系作为聚类的依据。尽管这不属于传统的 *k*-means 聚类范畴，但它能有效反映用户间的社交联系，从而辅助召回。

② 行为矩阵聚类：当用户操作行为数据可用时，可以构建用户-物品行为矩阵，将矩阵的行视为用户向量进行聚类。这种方法直接利用用户的实际交互行为，具有较高的实用性。

③ 矩阵分解辅助聚类：通过矩阵分解算法获得用户的低维向量表示，随后利用 *k*-means 等聚类算法进行聚类。这种方法能够在保留用户主要特征的同时，减少数据的维度，提高聚类的效率。

④ 基于物品向量的用户聚类：如果物品的向量表示已知，可以通过用户操作过的物品向量的加权平均来构建用户向量，进而进行聚类。这种方法间接地利用了用户对物品的偏好信息，实现了用户间相似性的度量。

此外，还有一些高级方法如用户关系图的构建与图嵌入技术，也可以用于用户聚类，但这些方法相对复杂，需要额外的计算资源和专业知识支持。

(2) 基于物品聚类的召回策略。

在推荐系统中，物品聚类作为一种有效的技术手段，能够显著提升召回阶段(recall phase)的精度与个性化水平。该方法的核心思想在于利用物品的相似性进行分组，并将用户已交互物品所在类别的其他未交互物品作为潜在的推荐对象，随后，利用这些聚类结果来构建推荐列表。这种策略不仅考虑物品之间的内在联系，还巧妙地结合用户的历史行为数据，以实现更加精准的个性化推荐，其实现主要分两个部分。

第1部分是构建物品聚类。可以基于元数据进行聚类，利用物品的元数据(如描述文本、标签等)，通过自然语言处理技术(如TF-IDF、LDA主题模型、word2vec词向量)提取物品的向量表示，随后应用k-means等聚类算法，基于这些向量将物品划分为不同的聚类，每个聚类内部的物品在语义或主题上相近。也可以直接基于用户的历史行为数据(如点击、购买、评分等)来构建物品的向量表示，这可以通过矩阵分解(如SVD、NMF)、item2vec等算法实现，这些算法能够捕捉到物品间的共现关系或用户偏好的潜在模式，得到的嵌入向量同样可作为k-means聚类的输入，以形成物品的聚类结构。

第2部分是实施召回策略。对于给定用户u，其推荐列表Rec(u)的生成过程如下。

① 识别用户历史行为：确定用户u有过的操作行为(如点击、购买)的物品集合H。

② 利用聚类进行召回：对于H中的每个物品s，查找其所属的聚类cluster(s)，随后从该聚类中选择那些用户u尚未有过操作行为的物品t(即$t\in$ cluster(s)且$t\neq s$)作为潜在的推荐候选：

$$\text{Rec}(u)=U_{s\in H}\{t\,|\,t\in\text{cluster}(s)\wedge t\neq s\} \tag{6-4}$$

③ 构建推荐列表：将所有从聚类中筛选出的候选物品合并，形成初步的推荐列表。若候选物品数量过多，可进一步通过排序或随机选择N个物品来优化推荐列表。

④ 排序与偏好度评估(可选)：为了提高推荐的相关性，可以计算每个候选物品t的偏好度。一种简单的方法是结合物品t到其聚类中心的距离和用户u对原物品s的评分(或偏好度)，构建复合指标作为t的偏好度。随后，根据偏好度对候选物品进行降序排列，选取Top_N作为最终的推荐结果。

基于物品聚类的召回策略通过有效整合物品的聚类信息与用户的历史行为数据，为用户生成个性化且相关的推荐列表，从而增强推荐系统的性能与用户满意度。

6.2.3 基于朴素贝叶斯的召回算法

在推荐系统中，利用概率方法构建模型以进行用户召回是一种有效策略。将用户召回问题视为预测用户对物品的评分问题，并进一步将评分预测转化为分类问题，是朴素贝叶斯分类器应用的一个典型场景。具体而言，通过将可能的评分离散化为有限个类别(如1至5分分别代表不同的兴趣度水平)，将用户对物品的评分预测转化为对其兴趣度的分类问题。

假设存在 k 个不同的预测评分等级，构成集合 $S=\{s_1, s_2, \cdots, s_k\}$。用户行为数据以评分矩阵 $\boldsymbol{R}_{n\times m}$ 的形式表示，其中元素 r_{ui} 代表用户 u 对物品 i 的评分，取值于集合 S。

对于用户 u 和未评分物品 j，我们的目标是预测用户 u 对物品 j 的评分 r_{uj}（其中 $r_{uj}\in S$）。这可以视为在给定用户 u 已有评分记录 $I_u=\{i|r_{uj}\in S\}$ 的条件下，计算用户 u 对物品 j 的评分属于集合 S 中各个类别的条件概率。

根据贝叶斯定理，条件概率 $P(r_{uj}=s_p|\text{obs\_rating\_in}I_u)$ 可以通过式(6－5)计算：

$$P(r_{uj}=s_p|\text{obs\_rating\_in}I_u)=\frac{P(r_{uj}=s_p)\cdot P(\text{obs\_rating\_in}I_u|r_{uj}=s_p)}{P(\text{obs\_rating\_in}I_u)} \tag{6-5}$$

由于分母 $P(\text{obs\_rating\_in}I_u)$ 对于所有 $s_p\in S$ 是常数，因此最大化上述条件概率等价于最大化其分子部分：

$$P(r_{uj}=s_p|\text{obs\_rating\_in}I_u)\propto P(r_{uj}=s_p)\cdot P(\text{obs\_rating\_in}I_u|r_{uj}=s_p) \tag{6-6}$$

接下来，需要估计式(6－6)中的各项概率值。

(1) 先验概率 $P(r_{uj}=s_p)$ 的估计。

先验概率 $P(r_{uj}=s_p)$ 表示在没有其他信息的情况下，用户 u 对物品 j 给出评分 s_p 的概率。这一概率可以通过历史数据中所有对物品 j 的评分为 s_p 的用户比例来估计，即

$$P(r_{uj}=s_p)=\frac{\|\{u|r_{uj}=s_p\}\|}{\|\{u|r_{uj}\in S\}\|} \tag{6-7}$$

其中，分母是所有对物品 j 有过评分的用户数量，分子是对物品 j 的评分为 s_p 的用户数量。

(2) 条件概率 $P(\text{obs\_rating\_in}I_u|r_{uj}=s_p)$ 的估计。

为了估计这一条件概率，引入朴素贝叶斯的核心假设——条件无关性假设，即用户 u 的评分集合 I_u 中的各个评分是相互独立的。虽然这一假设在现实中可能不完全成立，但它大大简化了计算，并在实践中表现出了良好的推荐效果。

基于条件无关性假设，条件概率可以分解为

$$P(\text{obs\_rating\_in}I_u|r_{uj}=s_p)=\prod_{i\in I_u}P(r_{ui}|r_{uj}=s_p) \tag{6-8}$$

其中，$P(r_{ui}|r_{uj}=s_p)$ 表示在用户对物品 j 的评分为 s_p 的条件下，用户对物品 i 的评分为 r_{uj} 的概率。这一概率可以通过所有对物品 j 的评分为 s_p 的用户中，同时对物品 i 的评分为 r_{uj} 的用户比例来进行估计，

$$P(r_{ui}|r_{uj}=s_p)=\frac{\|\{u|r_{ui}=r_{ui}\wedge r_{uj}=s_p\}\|}{\|\{u|r_{uj}=s_p\}\|} \tag{6-9}$$

结合上述两个概率的估计，可以使用朴素贝叶斯公式计算用户 u 对物品 j 的评分为 s_p 的条件概率：

$$P(r_{uj}=s_p|\text{obs\_rating\_in}I_u)\propto P(r_{uj}=s_p)\cdot\prod_{i\in I_u}P(r_{ui}|r_{uj}=s_p) \tag{6-10}$$

通过极大似然估计，选择使式(6－10)取值最大的 s_p 作为用户对物品 j 的预测评分，即

$$\begin{aligned}\hat{r}_{uj} &= \arg\max_{s_p} P(r_{uj} = s_p \mid \text{obs\_rating\_in}I_u) \\ &= \arg\max_{s_p} P(r_{uj} = s_p) \cdot \prod_{i \in I_u} P(r_{ui} \mid r_{uj} = s_p) \end{aligned} \tag{6-11}$$

基于这些预测评分，可以对用户未评分物品进行排序，并选取评分最高的 N 个物品作为召回结果。

朴素贝叶斯方法因其简单性、直观性和工程实现的便利性而受到青睐。该方法对噪声数据具有一定的鲁棒性，不易过拟合，且由于条件无关性假设的引入，使得模型具有较强的泛化能力。在用户数据较少的情况下，也能表现出良好的推荐效果。此外，该方法易于并行化处理，适用于大规模数据集的推荐任务。

6.3 排序算法概述

在推荐系统中，排序算法扮演着至关重要的角色，它是对召回阶段产生的大量候选结果进行二次评估与排序的关键步骤。这一过程旨在通过一系列规则、策略或机器学习模型，对候选项进行精准打分与排序，以选出最符合用户偏好或业务目标的 Top-N 推荐列表。排序算法的核心在于其目标函数，即基于特定业务指标(如点击率、评分、播放时长等)构建的预测模型，这些指标直接反映推荐效果与商业价值。

排序算法接收来自召回阶段的多样化候选集，这些候选集往往通过不同的召回算法生成，涵盖了广泛的物品或内容。鉴于每路召回的结果数量相对有限(通常在数十至数百之间)，排序算法能够在保持计算效率的同时，采用较为复杂的模型结构来捕捉丰富的特征信息，进而实现更为精确的排序。这一过程确保了即使在大数据量和高维特征空间下，也能在毫秒级时间内完成排序任务，从而不影响用户体验。

排序模型的性能高度依赖所使用的特征质量。在推荐系统中，特征可大致分为五类：用户画像特征、行为特征、物品画像特征、场景特征以及交叉特征。这些特征共同构成了用户与物品之间复杂关系的多维度描述，为模型提供了丰富的信息输入。通过充分利用这些特征，排序算法能够更准确地预测用户行为，提升推荐的相关性和满意度。

根据预测对象的组织形式，排序算法可分为 pointwise、pairwise 和 listwise 三类。其中，pointwise 方法因其直观性和简单性，在推荐系统中得到广泛应用。它直接对单个样本进行预测，无论是作为回归问题处理(预测实数值)，还是作为分类问题处理(预测分类概率)，都能满足推荐系统的排序需求。相比之下，pairwise 和 listwise 方法则更加关注样本之间的相对顺序或整体序列结构，虽然二者考虑更为精细，但在实际应用中可能因复杂度较高而受限。

6.4 常用排序算法

6.4.1 logistic 回归排序算法

1. 算法原理

Logistic 回归模型作为一种广义线性模型，其核心在于通过线性组合特征并应用 Logistic 变换(也称为 Sigmoid 函数)，实现对二分类问题或概率预测任务的建模。其数学表达式为

$$\hat{y}(x)=\frac{1}{1+\exp(w_0+\sum_{i=1}^{n}w_ix_i)} \tag{6-12}$$

其中，x_i 表示输入特征，w_i 为对应的模型参数(权重)，w_0 是偏置项。Sigmoid 函数作为激活函数，将线性模型的输出映射到(0，1)区间内，从而解释为概率值：

$$S(x)=\frac{1}{1+\mathrm{e}^{-x}} \tag{6-13}$$

尽管 Logistic 回归模型的输出经过了非线性变换，但其核心仍是一个线性模型，因为在 Sigmoid 函数之前，模型对特征进行了线性加权求和。这种特性使得 Logistic 回归模型能够捕捉到特征之间的线性关系。然而，通过 Sigmoid 函数的映射，模型能够处理二分类问题中的非线性决策边界，从而提高了模型的泛化能力。

从神经网络的角度来看，Logistic 回归模型可被视为一个简单的神经网络结构，仅包含输入层和输出层，没有隐藏层。输出层采用 Sigmoid 函数作为激活函数，这与许多复杂神经网络模型中的激活函数选择一致。这有助于理解 Logistic 回归模型与深度学习模型之间的内在联系，并为从基础模型向深度学习模型的过渡提供桥梁。

在推荐系统中，Logistic 回归模型常被用于排序阶段，以评估用户对候选物品的偏好程度。具体而言，系统利用用户画像、物品属性、用户行为历史等多维度特征作为输入，通过 Logistic 回归模型计算用户对每个候选物品的点击概率。随后，根据这些概率值进行降序排列，选取概率最高的 Top-N 个物品作为推荐列表展示给用户。这一过程充分利用 Logistic 回归模型的概率输出特性，有效提升了推荐结果的针对性和用户满意度。

2. Logistic 回归模型的特点

Logistic 回归模型以其简洁性、易理解性和强大的解释能力，在统计学和机器学习领域占据着重要地位，尤其在点击率预测(CTR)和推荐系统排序等应用中展现出显著优势。Logistic 回归模型的优点主要有四点：一是模型结构清晰，仅需少量数学基础即可理解，便于快速部署和应用；二是模型参数直接反映了特征对预测结果的影响，易于进行模型解释

和结果分析；三是由于模型计算复杂度低，易于在分布式系统中实现高效训练与预测；四是应用广泛，不仅在 CTR 预估和推荐系统排序中表现优异，还被广泛应用于金融风控、信用评分等多个领域。

尽管 Logistic 回归模型具有诸多优点，但其局限性也不容忽视。首先，Logistic 回归模型假设特征之间彼此独立，无法直接捕捉特征间的非线性关系。然而在实际应用中，特征之间往往存在复杂的相互作用和内在联系，这种假设限制了模型的预测能力。其次，该模型本身不具备自动构建交叉特征的能力，需要依赖人工特征工程来引入非线性因素。这不仅要求建模人员具备深厚的业务理解和机器学习知识，还涉及大量试错和调参工作，增加了模型开发的复杂性和成本。由于上述局限性的存在，Logistic 回归模型在预测精度上可能无法与一些更复杂的模型(如深度学习模型)相媲美。特别是在处理高维、稀疏且特征间关系等复杂的数据时，其性能可能会受到较大影响。

为了克服 Logistic 回归模型的局限性，实际应用中将 Logistic 回归模型与其他模型(如树模型、深度学习模型等)进行融合，利用各自的优势形成更强大的预测系统。同时人工进行特征交叉，通过深入分析业务场景和数据特性，构建有意义的交叉特征和组合特征，以引入非线性因素并提升模型预测能力。还可以通过特征选择技术去除冗余和无关特征，优化特征空间，同时采用正则化等方法防止模型过拟合，提高模型的泛化能力。

3. Logistic 回归的实现与应用

Logistic 回归模型作为一种线性分类器，其训练过程通常依赖梯度下降算法，如随机梯度下降(SGD)，以实现高效的参数优化。在机器学习库如 scikit-learn 中，sklearn. linear_model、Logistic_Regression 类包含 Logistic 回归模型，简化了模型训练与预测的流程。对于大规模数据集，Spark MLlib 分布式框架也提供了相应的 Logistic 回归实现，能够有效处理海量数据，加速模型训练过程。

在实时推荐系统和广告点击率预估等场景中，Logistic 回归模型的在线训练变得尤为重要。为此，谷歌提出了 FTRL(Follow-The-Regularized-Leader)算法，该算法通过结合在线学习与正则化技术，实现了 Logistic 回归模型的高效在线更新，确保模型能够快速适应数据变化，同时保持较高的预测准确性。FTRL 算法已在谷歌及国内多家公司的实际应用中取得了显著成效。

为了进一步提升 Logistic 回归模型在复杂场景下的预测能力，阿里提出了一种分片线性模型。该模型基于分而治之的策略，将数据集划分为多个子集，并在每个子集上独立训练 Logistic 回归模型。由于不同子集的样本特性各异，因此各子集上的模型参数也各不相同。然后通过 softmax 函数将这些局部模型的预测结果加权融合，形成全局预测。当子集数量增加时，模型能够捕捉更多的局部特性，从而提高预测精度，但相应地也会增加模型的参数数量和训练成本。

从现代机器学习视角来看，分片线性模型中的加权融合机制与注意力机制中的注意力参数具有相似性，均体现了对不同部分信息的差异化关注。这种机制有助于模型在处理复杂数据时，更加灵活地调整其预测策略，从而提高整体性能。

6.4.2 基于因子分解机的排序算法

因子分解机(Factorization Machines，FM)由 Steffen Rendle 于 2010 年在 ICDM 会议上首次提出，是一种高效且通用的预测模型。FM 通过引入特征间的交互作用，克服了传统线性模型在复杂数据关系建模上的局限性，尤其在数据稀疏性高的场景下，仍能展现出强大的参数估计能力和预测精度。这一特性使得 FM 在推荐系统和计算广告领域，特别是在点击率(CTR)和转化率(CVR)预测上，取得了显著成效。

1. 算法原理

在机器学习领域，尤其是处理分类与回归问题时，模型的特征组合能力对于提升预测性能至关重要。Logistic 回归模型虽强大，却受限于其无法自动组合特征的特性，这在复杂数据场景中尤为明显。为了克服这一局限，研究者探索了在模型层面实现特征自动化组合与筛选的方法，因子分解机作为一种有效的解决方案脱颖而出。

FM 模型在线性模型的基础上引入二阶特征交叉项，实现了特征的自动化组合。具体来说，FM 模型不仅考虑了每个特征的一阶线性效应，还通过特征对之间的交互作用(即二阶交叉项)来捕捉更复杂的数据关系。这些交叉项的系数并非独立设定，而是通过矩阵分解技术将每个特征映射到低维空间中的向量，并利用这些向量的内积来表示交叉项的权重。

FM 模型可以表示为

$$\hat{y}(x) = w_0 + \sum_{i=1}^{n} w_i x_i + \sum_{i=1}^{n} \sum_{j=i+1}^{n} \langle v_i, v_j \rangle x_i x_j \tag{6-14}$$

其中，n 是特征的数量，x_i 是第 i 个特征的值，w_0 和 w_i 是一阶特征的权重，而 $\langle v_i, v_j \rangle$ 表示两个 k 维向量 v_i 和的内积。这些向量是模型需要学习的参数，用于捕捉特征间的二阶交互效应。

直接引入二阶特征交互项看似解决了特征组合的问题，但在实际应用中，尤其是面对大规模稀疏数据时，这种方法可能面临泛化能力不足的难题。由于稀疏性，许多特征组合在训练集中几乎不出现，导致相应的交互项权重难以准确估计。

为了克服这一难题，FM 采用矩阵分解的思想，将二阶交互项的系数表示为两个低维向量的内积。这一策略不仅减少了需要学习的参数数量，还通过共享参数的方式增强了模型在未见过的特征组合上的泛化能力。具体而言，每个特征 i 都与一个 k 维向量 v_i 相关联，而特征间的交互强度则通过这两个向量的内积来衡量。

从数学角度看，FM 模型通过矩阵分解的方式，能够近似地表示任意对称半正定矩阵。这意味着，只要 k(分解的维度)足够大，FM 模型就能够拟合任意二阶特征交互的权重矩阵。然而，在实际应用中，从稀疏性和计算效率考虑，通常会选择较小的 k 值。虽然这限制了模型的表达空间，但 FM 模型仍能够在保持较高泛化能力的同时，有效捕捉特征间的交互信息。

对于二分类或回归问题，如点击率预测，可以在 FM 模型的预测函数基础上应用 Sigmoid 函数(或其他适当的激活函数)，将输出映射到所需的概率空间内。此时，可以将 FM 模型视为一种特殊的神经网络，仅包含输入层和输出层，但具有复杂的线性与非线性组合结构。这种结构使得 FM 模型在保持计算效率的同时，能够处理复杂的非线性关系，并自动学习特征间的交互模式。

2. 参数估计

在处理大规模稀疏数据集时，直接估计特征之间的交互效应往往面临数据不足和计算复杂的困难。FM 则有效解决了这些问题，为稀疏场景下的特征交互建模提供了有力工具。

FM 模型的核心在于对二阶交叉特征系数的分解处理。具体而言，FM 将每个特征 i 与一个低维向量 v_i 相关联，并通过这些向量之间的内积来表征特征间的交互强度。这种分解策略使得不同的交叉项(如 x_ix_j 和 x_ix_k)能够共享相同的向量 v_i，从而实现信息的跨项传递。这一特性在稀疏数据集中尤为重要，由于它允许一个交叉项的数据在训练过程中辅助估计另一个具有共同特征的交叉项，从而增强模型的泛化能力和参数估计的稳健性。

从参数数量的角度来看，FM 模型相比直接在线性模型中整合的二阶交叉具有显著优势。直接整合交叉项的线性模型需要估计的系数个数为 $1+n+n^2$，其中 n 是特征的数量。这一数量随着特征维数的增加而急剧增长，导致计算的复杂性和存储的空间需求显著增加。相比之下，FM 模型需要估计的系数个数为 $1+n+kn$，其中 k 是分解向量的维度，通常远小于 n。因此，FM 模型的参数数量是 n 的线性函数，而非指数函数，这大大减轻了模型训练的负担，尤其是在特征维数非常高的情况下。

由于 FM 模型的参数数量显著减少，它在存储空间占用和迭代速度方面表现出色。较小的参数集意味着模型在训练过程中需要更少的内存资源，同时每次迭代计算所需的时间也相应减少。这对于处理大规模数据集和实时性要求较高的应用场景尤为重要。此外，FM 模型的分解策略还使其参数的更新更加高效，因为每个向量的更新都会影响多个交叉项，所以加速了模型的收敛过程。

3. 模型求解

FM 模型因其计算的高效性和可导性，在多种损失函数下均能有效学习模型参数。本节将详细探索 FM 模型的求解过程，特别是如何通过梯度下降算法(如 SGD、ALS 等)高效地更新模型参数。

FM 模型的预测值(式(6－14))给定损失函数(如平方损失函数)，针对模型参数(w_0，w，V)计算其梯度。

$$\frac{\partial}{\partial\theta}\hat{y}(x)=\begin{cases}1, & \theta\text{ 是 }w_0\\ x_i, & \theta\text{ 是 }w_i\\ x_i\sum_{j=1}^{n}v_{j,f}x_j-v_{i,f}x_i^2, & \theta\text{ 是 }w_{i,f}\end{cases}\tag{6-15}$$

设预测误差 $e_x=y-\hat{y}(x)$，则各参数的梯度计算如下：

(a) 对于偏置项 w_0，其梯度为 $\frac{\partial L}{\partial w_0}=-e_x$，其中，$L$ 表示损失函数；

(b) 对于一阶特征权重 w_i，其梯度为$\frac{\partial L}{\partial w_i}=-x_ie_x$；

(c) 对于二阶特征交互的分解向量 $v_{i,f}$(其中，f 表示向量的第 f 个维度)，其梯度计算稍显复杂，但同样可以在线性时间复杂度内完成。具体地，$\frac{\partial L}{\partial v_{i,f}}=-e_x\left(x_i\sum_{j=1}^{n}v_{j,f}x_j-v_{i,f}x_i^2\right)$。注意，$\sum_{j=1}^{n}v_{j,f}x_j$ 这一项与 i 无关，因此可以在遍历所有样本或特征之前预先计算并存储，以进一步提高计算效率。

基于上述梯度计算，可以利用梯度下降算法(如随机梯度下降 SGD)来更新模型参数。在每次迭代中，根据当前样本的预测误差 e_x 和相应的梯度值，按照学习率 γ 更新 w_0、w_i 和 $v_{i,f}$。具体更新规则如下：

$$w_0\leftarrow w_0-\gamma e_x$$

$$w_i\leftarrow w_i-\gamma x_ie_x$$

$$v_{i,f}\leftarrow v_{i,f}-\gamma\left(x_i\sum_{j=1}^{n}v_{j,f}x_j-v_{i,f}x_i^2\right)e_x$$

上述梯度计算过程中，单个样本的梯度更新可以在 $o(k_n)$时间复杂度内完成，k 是分解向量的维度，n 是特征数量。但在稀疏数据场景下，实际更新的时间复杂度将降至 $o(k_{m(x)})$，$m(x)$是样本 x 中非零特征的数量。这一特性使得 FM 模型在处理大规模稀疏数据集时尤为高效。

4. 推荐排序

FM 模型在推荐排序中的应用可归纳为以下两大类别。

(1) 回归问题。

在回归场景下，推荐系统往往需预测用户对特定物品的偏好得分。此时，FM 模型通过最小化预测值与真实值之间的平方误差来优化模型参数，即求解以下优化问题。

$$\min_{w_0,w_i,v_i}\sum_{x\in D}[y-\hat{y}(x)]^2\tag{6-16}$$

其中：D 表示训练数据集，y 是对应样本 x 的真实得分，$\hat{y}(x)$是由 FM 模型预测的得分。

此优化过程旨在找到一组最优的模型参数 w_0(全局偏置)、w_i(特征权重)和 v_i(特征向量),以最小化预测误差。

(2) 二分类问题。

面对二分类问题,如预测用户是否会点击某物品,FM 模型可通过引入 Logistic 损失(logit loss)来训练,类似于逻辑回归中的处理方式。此时,模型不仅预测得分,还通过 Logistic 函数将得分转换为概率,进而评估分类的准确性。这种设置使得 FM 模型能够直接应用于点击率预测等分类任务,有效提升了推荐系统的精准度。

关于 FM 模型的实现,学术界与工业界均提供了丰富的工具与框架。例如,FM 的原始作者已公开了相关实现代码,为研究者提供了宝贵的参考。此外,xlearn 等高效机器学习库也内置了对 FM 及其变种(如 FFM)的支持,不仅简化了模型训练流程,还提升了计算效率。对于大规模数据集的处理,Spark MLlib 等分布式计算框架提供了 FM 的分布式实现,进一步扩展了 FM 模型的应用场景。利用深度学习框架(如 PyTorch、TensorFlow)中的优化工具,研究者也可以自行实现 FM 模型,并根据具体需求进行定制与优化。这种灵活性使得 FM 模型能够适应更加复杂多变的推荐系统场景。

本章小结

本章概述了推荐系统中的召回与排序算法,重点介绍了基于关联规则、聚类、朴素贝叶斯的召回算法,还介绍了基于 Logistic 回归和因子分解机模型的排序算法。召回算法和排序算法相辅相成,共同构成了推荐系统的核心框架,对于构建高效、精准的个性化推荐系统具有重要意义。

本章参考文献

[1] LIU T Y. Learning to rank for information retrieval[J]. Foundations and trends in information retrieval, 2009, 3(3): 225-331.

[2] MCMAHAN H B, HOLT G, SCULLEY D, et al. Ad click prediction: A view from the trenches[C]// Proceedings of the 19th ACM SIGKDD International Conference on Knowledge Discovery and Data Mining. ACM SIGKDD, 2013: 1222-1230.

[3] GAI K, ZHU X, LI H, et al. Learning piece-wise linear models from large scale data for ad click prediction[J/OL]. arXiv: 1704.05194, 2017. http://arXiv.org/abs/1704.05194.

第7章　用户的可信度评估

7.1　用户可信度评估对推荐系统的影响

随着Internet和Web的飞速发展，各种社会化媒体平台层出不穷，极大地丰富了全球网民的信息获取与分享渠道。在这一背景下，用户生成内容(UGC)成为众多平台服务的核心，涵盖多媒体文件、博客文章、评论、评分等多种形式。然而，这一现象也伴随着伪造评论、恶意灌水及诋毁行为的激增，严重威胁到数据的真实性与可靠性，进而对社会化推荐系统的准确性构成重大挑战。

在推荐系统中，数据的正确性和可靠性是确保推荐质量的关键。鉴于社会化媒体数据主要依赖用户生成，用户的可信度便成为衡量数据可靠性的重要标尺。不可信用户的虚假或误导性信息会严重扭曲推荐系统的判断，降低用户体验，甚至损害平台的信誉。因此，用户可信度评估不仅是推荐系统研究不可或缺的基础，更是提升推荐性能、保障系统健康运行的关键环节。

用户可信度评估是推荐系统的研究基础，只有通过可信用户获得的可靠数据才能进一步研究推荐系统的性能提升问题。本章以各种虚假评论和恶意用户存在的社会化媒体为背景，探索在缺少用户个人信息即发布内容的情况下如何有效评估用户的可信度。这不仅是为了应对当前社会化媒体环境中日益严重的虚假信息与恶意行为问题，也是为了构建更加稳健、可靠的推荐系统，提升用户体验与满意度。深入研究用户可信度评估的方法与策略，可以为后续推荐性能的进一步优化提供坚实的理论基础与实践指导。

7.2　数据可信度评估的理论基础

7.2.1　相关研究工作

国内外学者对用户可信度评估进行了大量研究。一些学者根据用户评论的可信度来确定用户的可信度。Shang等[1]采用拉格朗日算法计算用户可信度，Mukherjee等[2]提出GS-

Rank 算法可以对虚假评论发布者群进行检查，Jarrahi 等[3]提取了社交媒体上消息发布者特征与文本内容特征，通过卷积神经网络将两种特征结合起来对消息发布者的可信度进行评估。也有许多学者[4-6]通过加入用户的社交关系(如 Facebook 中的好友关系，Twitter 中的追随关系以及 E-pinions 中的信任关系)来计算用户的信任度，但这些算法不能缺少用户个人信息提取或者评论内容提取，特征选取和特征提取的准确性对最终结果有明显的影响。Berkani 等[7]基于用户个人资料的语义信息和社会网络中的信任关系对用户可信度进行建模，并且针对老用户和新用户分别使用 k-means 和 k-Nearest Neighbors 两种分类算法进行用户可信度评估。还有一些学者利用稻田算法[8]和机器学习[9]对用户信任度进行了研究。Gupta 等[10]首先运用回归分析法找到预测可信度的有关特征，然后通过相关反馈与机器学习相结合的方式将微博中的信息进行可信度得分排序。Zhang 等[11]提出了基于异构产品评论网络的无监督学习模型，以此鉴别垃圾评论。

现有研究方法还存在以下问题。

(1) 数据缺失问题：当用户的个人信息、行为记录或评论内容无法完整获取时，现有评估模型的性能显著下降，限制了模型的广泛适用性。

(2) 特征选择与提取的准确性：特征选取的合理性和提取的准确性直接决定评估结果的质量，但这一过程往往复杂且易受主观因素影响。

(3) 无标注数据利用不足：实际场景中，有标注的数据相对稀缺，而大量无标注数据却未能被有效利用，限制了模型的学习潜力和泛化能力。

针对以上不足，本节将介绍一种基于因子图模型的用户可信度评估方法。该模型利用大量未知标签的用户数据进行半监督学习，充分挖掘用户的信任关系，同时考虑了评判者的可信度，从而能有效避免灌水和恶意诋毁现象，即使在缺少用户个人信息和评论内容的情况下也可以有效地进行用户可信度评估。

7.2.2 问题定义

1. 相关术语定义

定义 1 虚假评论：Jindal 等[12]首次提出了虚假评论的概念。在本章中，不真实的评论(具有夸大或诋毁现象的评论)被认为是虚假评论，而这样的评论通常与大部分其他评论相反。

定义 2 虚假评论发布者：Jindal 等[12]指出虚假评论一般由一个固定群体发出，这个群体的成员都是虚假评论发布者，即指做出虚假评论的人。而在这种群体中的成员彼此之间更容易有信任关系。

定义 3 评判者：社交网络用户对网络中其他用户发布的评论，依据中肯性、合理性和可信性进行综合评分，本书将这种给出综合评分的用户称之为评判者。用户不能对自己发布的评论进行综合评分。

定义 4 虚假评判者：指恶意诋毁或有意抬高评论真实性的评判者。

2. 可信评估建模分析

参考一个基于动态连续的因子模型图 Mood Cast 方法来建模和预测用户可信度，有评论的发布者(以下简称用户)集合 $U=\{u_1, u_2, \cdots, u_n\}$，共有 n 位评论发布者。用户 u_i 的可信度记为 y_i，用户可信度集合 $Y=\{y_1, y_2, \cdots, y_n\}$，其中部分用户的可信度已知，$y_i=1$ 或 0，一些用户的可信度未知，则需求出这些用户的 y_i，即 $y_i=?$。用户集中的每位用户对应发布的评论集 $V=\{V_1, V_2, \cdots, V_n\}$，其中用户 u_i 发布的评论集 $V_i=\{v_1, v_2, \cdots, v_m\}$，$m$ 为用户 u_i 发布评论的篇数，V 为所有评论的数据集，用户 u_i 发布的评论集 V_i 的可信度记为 $y_{V,i}$。评判者对评论的综合评分矩阵 $\boldsymbol{R}=\{r_{v_1,p_1}, r_{v_2,p_2}, \cdots, r_{v_i,p_k}\}$，其中 r_{v_i,p_k} 表示评判者 p_k 对评论 v_i 给出的评分，评分分为 5 个等级，其分值为 1～5 分。

有评论网络图 $G=(V, E)$，其中每个用户的评论集作为节点 $V=\{V_1, V_2, \cdots, V_n\}$，用户之间的信任关系作为边，即用户 u_i 和用户 u_j 发布的评论集节点分别 V_i 和 V_j，用户 u_i 信任用户 u_j，则 V_i 和 V_j 之间存在边 e_{ij}，边集 $E=\{e_{ij}\}(i, j$ 分别为 $1, 2, \cdots, n)$。用户 u_i 被信任的频次为 $\mathrm{indg}(u_i)$。

给定如上条件和定义，可以将研究的问题定义如下。

问题：给定具有评判信息的评论网络图 $G=(V, E, R)$以及部分具有信任标签的用户，标签为 $y_i=1$ 或 0，如何判断未知信任标签用户的信任标签$\{y_i=?\}$。

7.3 基于因子图模型的用户可信度评估方法

本文的研究目标是通过用户的评论记录和用户之间的信任关系来判断用户的可信度。在此提出一个基于因子图模型的用户可信度评估方法。

7.3.1 用户可信度模型框架

本节建立了一个基于因子图模型的用户可信度评估方法，将用户信任度问题建模到一个统一的框架中；提出了一个基础的因子图模型，图结构如图 7-1 所示。左图包含 5 个用户$\{u_1, u_2, u_3, u_4, u_5\}$及用户之间的信任关系，$u_1$ 与 u_2 之间的箭头表示 u_1 信任 u_2；右图是将左图作为输入建立的用户可信度因子图模型，观察变量是网络中给定的用户所发表的评论集$\{V_1, V_2, V_3, V_4, V_5\}$，模型的隐变量是用户可信度$\{y_1, y_2, y_3, y_4, y_5\}$。该图模型定义了 2 组因子：用户可信度与用户评论集的因子，用函数 $f(y_i, V_i)$表示；用户可信度与信任关系的因子，用函数 $g(y_i, y_j)$表示。

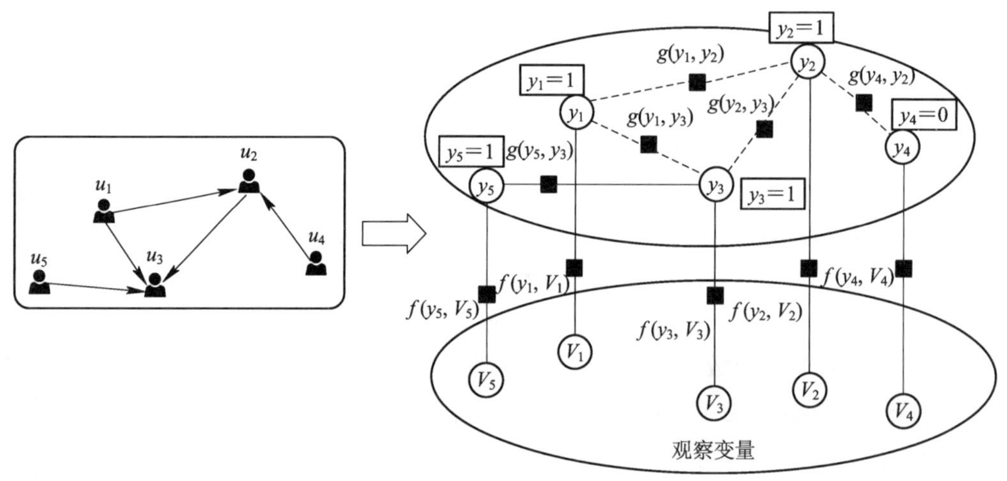

图 7-1　用户可信度因子图模型的图结构

1. 用户可信度与评论反馈的因子函数

用户的可信度与其发布的所有评论的可信度有关，评论可信度越高则用户可信度越高。文献[13]提出评论可信度和用户可信度符合 Logstic 曲线。以此类推，用户的可信度与其评论集的可信度也符合 Logstic 曲线，即随着用户 u_iu_i 的总评论可信度不断增高，用户 u_iu_i 的可信度越增越慢，最终趋于一个稳定的值，则有

$$f(y_i, V_i) = 2\ (1 + \mathrm{e}^{-y(V_i)})^{-1} - 1 \tag{7-1}$$

式中：$y(V_i)$为用户 u_i 发布的所有评论的可信度总和。

根据评分矩阵可得评论的反馈信息。这些反馈信息是其他用户对评论可信度的评价，可直接作为评论可信度指标。那么对某一用户所发布的所有评论的整体可信度则是所有评论可信度的均值。评判者对评论的反馈反映出评论的可信度，当然这些评判者当中会有虚假评判者。依据常理，一个合理的评判者对评论给出的评分应与其他评判者给出的评分相差不大，而虚假评判者所给出的评分往往与其他评判者给出的评分有较大差距。

假设有 s 位评判者$\{p_1, p_2, \cdots, p_s\}$对评论 v_i 的合理性进行打分，对应评分$(r_{v_i, p_1}, r_{v_i, p_2}, \cdots, r_{v_i, p_s})$，平均评分的计算公式为

$$a_{\mathrm{avg}} = (r_{v_i, p_1} + r_{v_i, p_2} + \cdots + r_{v_i, p_s})s^{-1} \tag{7-2}$$

式中：a_{avg}为大多数的评判者认为该评论应具有的合理分值。

评判者 p_k 对评论 v_i 给出评分，其评分的合理性 Q_{v_i, p_k} 可通过式(7-3)进行判别。若 $Q_{v_i, p_k}=1$，则评判者 p_k 对评论 v_i 给出的评分 r_{v_i, p_k} 合理。反之，若 $Q_{v_i, p_k}=0$，则评分不

合理。

$$Q_{v_i, p_k} = \begin{cases} 0, & |r_{v_i, p_k} - a_{\text{avg}}| > 1.5 \\ 1, & |r_{v_i, p_k} - a_{\text{avg}}| \leqslant 1.5 \end{cases} \tag{7-3}$$

评判者 p_k 对 t 个评论进行评判，即 $\{v_1, v_2, \cdots, v_t\}$，对应的评分为 $(r_{v_1, p_k}, r_{v_2, p_k}, \cdots, r_{v_t, p_k})$，则其对应的评分合理性为 $(Q_{v_1, p_k}, Q_{v_2, p_k}, \cdots, Q_{v_t, p_k})$，其中评分合理的个数为 $|Q_T|$，评分不合理的个数为 $|Q_F|$，则评判者可信度

$$y_{p_k} = 2[1 + \mathrm{e}^{-(|Q_T|-|Q_F|)t^{-1}}]^{-1} - 1 \tag{7-4}$$

评判者与评论之间存在如下关系：评判者的可信度越高，且对评论的评分越高，则评论的可信度越高。有 s 位评判者 $\{p_1, p_2, \cdots, p_s\}$ 对评论 v_i 的合理性打分，对应评分 $(r_{v_i, p_1}, r_{v_i, p_2}, \cdots, r_{v_i, p_s})$，根据评判者与评论之间的关系，这 s 位评判者认为评论 v_i 的可信度

$$y_{v_i} = \left[\sum_{k=1}^{s}(y_{p_k} \times r_{v_i, p_k})\right]s^{-1} \tag{7-5}$$

用户 u_i 发表的评论集为 V_i，则用户 u_i 发布的所有评论的可信度总和

$$y(V_i) = \sum_{v_i \in V_i} y_{v_i} \tag{7-6}$$

2. 用户可信度与信任关系的因子函数

用户 u_i 所信任的用户集记为 $T_i = \{u_{i,1}, u_{i,2}, \cdots, u_{i,l}\}$，其中 l 是 u_i 所信任的用户数量。对于单个的信任关系用户 u_i 信任用户 u_j，$u_j \in T_i$，u_i 对 u_j 的信任与如下 2 个因素有关。

(1) u_i 对 u_j 的信任程度 w_{ij}。如果这 2 个用户共同信任的用户数比例高，则说明他们的信任相似度高(即同为可信用户或同为不可信用户的概率高)，则 u_i 对 u_j 的信任程度高，其计算公式如下：

$$w_{ij} = |T_i \cap T_j| \, |T_i \cup T_j|^{-1} \tag{7-7}$$

式中：T_j 为用户 u_j 所信任的用户集。

(2) u_j 的可信程度。为简便起见，有多少人认为 u_j 是可信的，即 u_j 的可信程度可用 u_j 的信任频次 $\text{indg}(u_j)$ 表示(即入度)。信任频次越高，则说明 u_j 越值得信任。基于以上思想，可定义 $g(y_i, y_j)$ 的计算公式为

$$g(y_i, y_j) = \text{indg}(u_j) w_{ij} \tag{7-8}$$

为了将所有的因子函数整合在一起，根据 Hammersley-Clifford 理论[14]可得目标函数：

$$o(\theta) = \lg P_\theta(Y | G, R) = \sum_{i=1}^{n} \alpha f(y_i, V_i) + \sum_{e_{ij} \in E} \beta g(y_i, y_j) - \lg Z \tag{7-9}$$

式中：α 和 β 分别是不同因子函数的权重；$\theta=(\{\alpha\},\{\beta\})$ 是由训练数据得到的参数配置；Z 是归一化因子，概率和为 1。

7.3.2 模型学习

因子模型学习是寻找参数 $\theta=(\{\alpha\},\{\beta\})$ 的配置，使得目标函数 $o(\theta)$ 的值最大。即

$$\theta^{*}=\operatorname{argmax} o(\theta) \tag{7-10}$$

为了求解目标函数，采用梯度下降法，以 α 为例介绍如何学习参数。先得到参数 α 关于目标函数的梯度，

$$\frac{\phi(\theta)}{\partial\alpha}=E[f(y_i, V_i)]-E_{P(y_i|G,R)}[f(y_i, V_i)] \tag{7-11}$$

式中：$E[f(y_i, V_i)]$ 是在输入网中给定数据分布下的因子函数 $f(y_i, V_i)$ 的期望，即训练集数据中因子函数 $f(y_i, V_i)$ 的平均值。$E_{P(y_i|G,R)}[f(y_i, V_i)]$ 是在评估模型给定 $P(y_i|G, R)$ 分布下的因子函数 $f(y_i, V_i)$ 的期望。

对于 β 也可以得到相似的梯度

$$\frac{\phi(\theta)}{\partial\beta}=E[g(y_i, y_j)]-E_{P(y_i|G,R)}[g(y_i, y_j)] \tag{7-12}$$

由于输入网络含有环路，无法通过 Junction Tree 等方法直接计算边缘分布 $P(y_i|G, R)$。采用 Loopy Belief Propagation(LBP)[15] 方法近似求解。理论上 LBP 不能保证收敛并且可能导致局部最大，但实践效果良好。具体算法为，先用 LBP 算法近似求解边缘分布 $P(y_i|G, R)$，然后使用梯度下降法来求解目标函数 $o(\theta)$。该算法是一个半监督学习算法。

参数学习算法如下：

输入：基于评论的用户网络 $G=(V, E)$；评判者评分矩阵 $\boldsymbol{R}$；学习速率 η

输出：模型参数 $\theta=(\{\alpha\},\{\beta\})$

1. 初始化 θ
2. 重复
3. 根据 LBP 公式计算各个期望值
4. 根据式(9)和(10)，计算梯度 $\frac{o(\theta)}{\partial\theta}$ $\left(如\frac{\phi(\theta)}{\partial\alpha}\right)$
5. 按照下式，使用学习效率 η 更新参数 θ $\left(以 \alpha 为例，\alpha_{\text{new}}=\alpha_{\text{old}}+\eta\frac{\phi(\theta)}{\partial\alpha}\right)$：

$$\theta_{\text{new}}=\theta_{\text{old}}+\eta\frac{\phi(\theta)}{\partial\theta}$$

6. 直至参数 θ 收敛

7.3.3 模型推理

通过已经学习的参数 $\theta=(\{\alpha\},\{\beta\})$，可对未知信任度的用户寻找使目标函数最大化的用户信任度的配置，即

$$Y^{*}=\operatorname{argmax}P_{\theta}(Y|G,R) \tag{7-13}$$

在该项工作中，再次采用 LBP 算法来估算未知信任度标签用户的信任标签。通过计算用户的边缘分布函数 $P_{\theta}(y_i|G,R)$，最后给每个用户分配一个最大概率的标签。该边缘分布函数最大值时的变量值 y_i^* 即是未知信任标签用户的信任标签。

7.3.4 实验及分析

1. 实验数据

采用 Massa 对从著名的产品评论网站 Epinions. com 爬取的数据集 Extended Epinions 进行验证(数据集来源网站为 www. trustlet. org)。Extended Epinions 数据集不仅收集了用户信息、用户间的信任信息以及用户对物品的评论信息，还增加了大量的产品评论质量的评分信息，相对于未包含产品评论质量的评分信息的 Epinions 数据集，Extended Epinions 数据集更适合本次测试。Extended Epinions 数据集的详细信息见表 7-1。评判者对评论的评判信息也就是产品评论质量的评分数据，评分为 1 到 5 的整数，其中 1 表示 Not helpful，2 表示 Somewhat Helpful，3 表示 Helpful，4 表示 Very Helpful，5 表示 Most Helpful。数据集中还包括进行评分的时间信息和评分是否公开的数据。该数据集的评分数及信任数、用户评分等的统计信息如表 7-2 和表 7-3 所示。

表 7-1 Extended Epinions 数据集的详细信息

信息类别	数 量
用户	132 000
产品评论	1 560 144
被测评的产品评论	755 722
产品评论质量的评分数据	13 668 320
信任声明	717 667
不信任声明	123 705

表 7-2　评分数及信任数统计

类　别	指　标	最小值	最大值	平均值
评分数	用户评分数	1	1023	16.55
	项目评分数	1	2026	4.76
信任数	用户信任数	0	1760	14.35
	用户被信任数	0	2589	9.89

表 7-3　用户评分分布统计

用户评分	比例/%
5	45
4	29
3	11
2	8
1	7

本节的问题是：综合考虑评判者给出的评分信息，对评论可信度进行评估后，评估评论发布用户的可信度。在数据集中明确有 84 601 个用户，其中有 17 090 个用户既有可信评价又有不可信评价，69 900 个用户被评价为可信用户，14 701 个用户被评价为不可信用户。从 69 900 个可信用户中选出 6234 个被信任频次大于 6 的用户，其信任标签标记为 $y_i=1$；从 14 701 个不可信用户中选出 1742 个不信任频次大于 5 的用户，其信任标签标记为 $y_i=0$；其余用户为未标记信任标签用户。

2. 度量指标

以综合评价指标 $F1$、正确率 A、准确率 P 和召回率 R 作为所提模型的评估标准。正确率是指分类正确的样本占总样本个数的比例，其定义如式(7-14)。准确率是指分类正确的正样本个数占评估算法判定为正样本的样本个数的比例，侧重于对评估算法判断为正类数据的统计，其定义如式(7-15)。召回率是指分类正确的正样本个数占真正的正样本个数的比例，侧重于对真实的正类样本的统计，其定义如式(7-16)。$F1$ 是综合分类率，认为准确率和召回率同等重要，是二者的调和平均值，其定义如式(7-17)。

$$A=(t_p+t_n)(t_p+t_n+f_p+f_n)^{-1} \tag{7-14}$$

$$P = t_p (t_p + f_p)^{-1} \tag{7-15}$$

$$R = t_p(t_p + f_n)^{-1} \tag{7-16}$$

$$F1 = 2 \times P \times R (P + R)^{-1} \tag{7-17}$$

式中：

t_p——正类判定为正类的样本个数；

f_p——负类判定为正类的样本个数；

f_n——正类判定为负类的样本个数；

t_n——负类判定为负类的样本个数。

3. 有效性评价

根据历史评分数据，在 Epinions 数据集上应用所提出的因子图模型进行用户可信度预测。进行 10 次交叉验证，在每个交叉验证中，分别在具有可信标记和不可信标记的用户集中随机选取 10％的样本作为测试集，其余 90％的数据作为训练集，进行用户可信度预测。因此可以通过正确率来验证模型的有效性。图 7－2 所示为因子图预测用户可信度的正确率。平均预测正确率达到 0.91 以上，最高时达到了 0.93，因此，本文提出的因子图方法在预测用户可信度时是有效的。

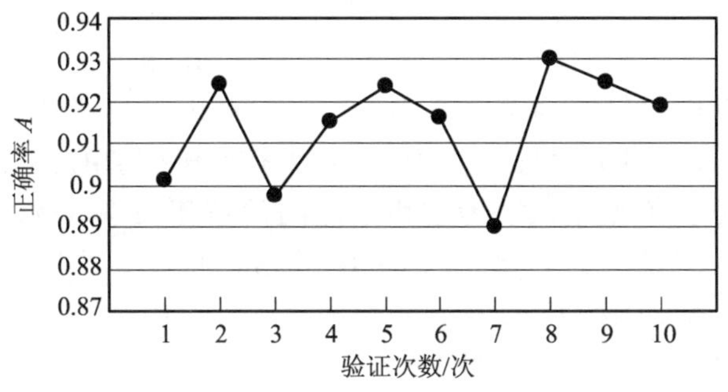

图 7－2　因子图预测用户可信度的正确率

4. 各因子对用户可信度预测的影响

在分析信任关系和评论的反馈评分 2 个因子在因子图模型中所起的作用时，分别从模型中移除这 2 个因子，然后将移除因子后的模型与原模型进行对比。图 7－3 所示为模型移除不同因子后对 $F1$ 的影响。由图 7－3 可知，移除任何一个因子都会造成评估指标 $F1$ 的显著降低，但不同因子对评估指标的影响力不同。这表明这些因素对用户可信度的预测具有积极作用，与不考虑这些因素的方法相比能获得更好的预测效果。其中，移除信任关系因子后 $F1$ 下降最大，说明相比于反馈信息，信任关系在用户可信度预测中起到更重要的作用。这是由于评论反馈中的虚假评判者对预测效果会产生一定的负面影响，而用户之间的信任关系在预测用户可信度时更直接。

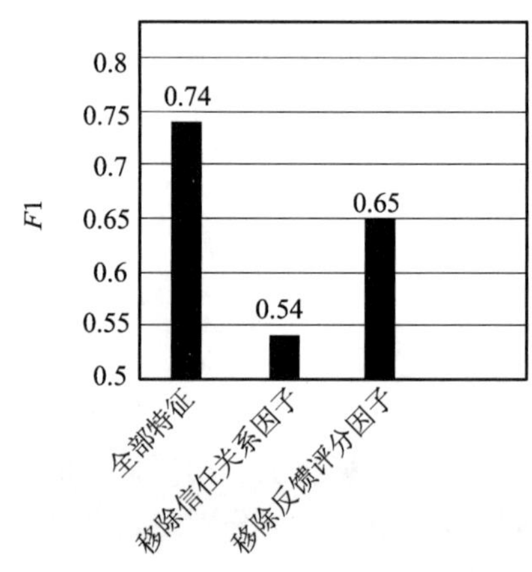

图 7－3　模型移除不同因子对性能的影响

5. 方法对比和讨论

给定网络 $G=(V, E)$ 和评判者评分矩阵 $\boldsymbol{R}$，可构造训练数据集 $\{(x_i, y_i)\}_{i=1, 2, \cdots, n}$，其中 n 表示用户数，x_i 是关于用户 u_i 发布的评论集的特征向量，y_i 表示用户 u_i 是否可信。由此可以用现有的支持向量机(SVM)、逻辑斯特回归(LR)和朴素贝叶斯方法(NB)来训练分类模型，并进行用户可信度预测。SVM 使用 SVM-light①，LR 算法和 NB 算法使用 weka② 工具包实现。这 3 种方法与本章中所提的基于因子图的用户可信度评估方法的最大的区别是，传统的分类模型中没有考虑用户之间的信任关系。另外将本章所提方法与 PageRank 可信度评估算法[16]进行比较，PageRank 算法将每个用户发布的信息可信度的平均值作为用户初始可信度，然后基于用户信任网计算 PR 值作为用户可信度。本研究设置 $PR>0.1$ 为可信用户，否则为不可信用户。

为了验证不同方法的性能，在 Epinions 数据集中进行用户可信度评估性能测试。测试结果显示，本章提出的因子图模型在用户可信度评估方面均优于其他 4 种方法(SVM、LR、NB 和 PageRank)。

图 7－4 所示为不同方法在 Epinions 数据集上的用户可信度预测。

从图 7－4 可以看出，本章所提的因子图模型优于其他 4 种方法。对于 $F1$，LR 算法的评估指标 $F1$ 明显低于其他方法，这是由于 LR 算法一般适用于线性分类，而依据用户历史评分特征进行分类属于非线性分类，因此预测效果较差。因子图模型和 PageRank 方法预

① http：//svmlight. j oachims. org/。

② http://www. cs. waikato. ac. nz/ml/weka/。

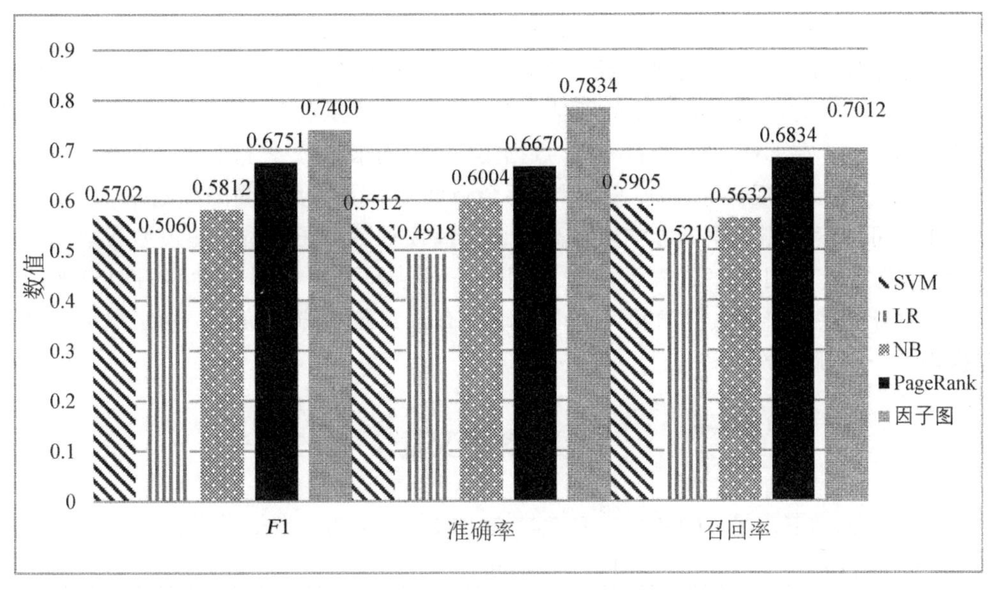

图 7－4　不同方法在 Epinions 数据集中的用户可信度预测

测的 $F1$ 比 SVM、LR 和 NB 方法要高 8.5%～24%，这是由于 SVM、LR 和 NB 这 3 种方法均未考虑用户之间的信任关系，由此可以说明信任关系是预测用户可信度的决定性因素之一；PageRank 算法有效利用社交网络中的信任关系，从而与 SVM、LR 和 NB 相比提高了预测性能，但 PageRank 算法不能从概率论角度挖掘隐含的关系，因此其评估指标 $F1$ 比因子图方法低 6.5%。对于准确率，因子图算法得到的是用户的可信度排序，用该方法预测用户可信度时的准确率与其设置的可信度阈值有关，而本研究的阈值设置方式可以有效防止将不可信用户判定为可信用户，因此在准确率上优于其他方法。召回因子图模型的召回率数值比其他 4 种算法略高，但综合准确率考虑，因子图模型的综合分类指标 $F1$ 最佳。另外，真实世界的用户之间的关联在社交网络中是以用户关系网的形式体现的，这种结构信息用概率图的形式表示更符合数据本身的结构，而其他 4 种算法虽然能高效利用其他特征信息，但是并不具备挖掘用户潜在关系的能力。还有一个重要的原因是提出的因子图模型可以利用未知标签的用户数据进一步考虑数据集中的一些潜在关系。

本章小结

本章研究了社交网络分析中长期关注的问题——用户的可信度评估。目前大部分的研究都聚焦在对用户个人信息和评论内容的特征提取上来评估用户可信度，本研究将社交网站中的评论反馈信息和用户信任关系进行统一建模，设计了基于因子图模型的用户可信度评估方法，该模型可在没有用户个人信息和评论内容的情况下对用户可信度进行评估。模型利用大量未知标签的用户数据进行半监督分类，并通过因子图充分挖掘社交网络中隐含的信任关系，同时对评判者可信度的评估避免了灌水和恶意诋毁现象，有效提高了用户可信度评估的精度。在 Extended Epinions 数据集上对因子图模型进行验证，平均预测正确率达 0.91 以上。实验发现移除任何一个因子都会降低用户可信度预测的准确率，且信任关系因子对用户可信度预测的积极影响明显高于评论反馈评分因子。因子图模型有效利用未知标签的用户数据，采用概率图表示用户之间的信息结构更符合真实世界的用户之间的关联，并且无需提供用户个人信息和评论内容即可有效预测用户可信度，为用户可信度预测研究提供了一个新思路。

本章参考文献

[1] SHANG F, LIU Y, CHENG J, et al. Fuzzy double trace norm minimization for recommendation systems[J]. IEEE transactions on fuzzy systems, 2018, 26(4): 2039-2049.

[2] MUKHERJEE A, LIU B, GLANCE N. Spotting fake reviewer groups in consumer reviews[C]//Proceedings of the 21st International Conference on World Wide Web. ACM, 2012: 191-200.

[3] JARRAHI A, SAFARI L. Evaluating the effectiveness of publishers' features in fake news detection on social media[J]. Multimedia tools and applications, 2023, 82(2): 2913-2939.

[4] CUI L, PI D, ZHANG J. DMFA-SR: Deeper membership and friendship awareness for social recommendation[J]. IEEE access, 2017, 5: 8904-8915.

[5] YAN S, LIN K J, ZHENG X, et al. An approach for building efficient and accurate social recommender systems using individual relationship networks[J]. IEEE transactions on knowledge and data engineering, 2017, 29(10): 2086-2099.

[6] MAO M, LU J, ZHANG G, et al. Multirelational social recommendations via multigraph ranking[J]. IEEE transactions on cybernetics, 2017, 47(12): 4049-4061.

[7] BERKANI L, BELKACEM S, OUAFI M, et al. Recommendation of users in social networks: A semantic and social based classification approach[J]. Expert systems, 2021, 38(2): e12634.

[8] WANG X W, WANG X Y, CHE H, et al. An intelligent economic approach for dynamic resource allocation in cloud services[J]. IEEE transactions on cloud computing, 2015, 3(3): 275-289.

[9] JAYASINGHE U, LEE G M, UM T W, et al. Machine learning based trust computational model for IoT services [J]. IEEE transactions on sustainable computing, 2019, 4(1): 39-52.

[10] GUPTA A, KUMARAGURU P. Credibility ranking of tweets during high impact events[C]//Proceedings of the 1st Workshop on Privacy and Security in Online Social media. ACM, 2012: 2-8.

[11] ZHANG Q, WU J, ZHANG P, et al. Collective hyping detection system for identifying online spam activities[J]. IEEE intelligent systems, 2017, 32(5): 53-63.

[12] JINDAL N, LIU B. Opinion spam and analysis [C]//Proceedings of the 2008 International Conference on Web Search and Data Mining. ACM, 2008: 219-230.

[13] LI M, HAN C, JIANG Y, et al. Improving the performance of reputation evaluating by combining the structure of network and nonlinear recovery [J]. Frontiers in physics, 2002, 10: 839642.

[14] HAMMERSLEY J M, CLIFFORD P. Markov fields on finite graphs and lattices [J/OL]. Unpublished manuscript. 1971. http://www.statslab.cam.ac.uk/~grg/books/hammfest/hamm-cliff.pdf.

[15] MURPHY K P, WEISS Y, JORDAN M I. Loopy belief propagation for approximate inference: An empirical study [C]//Proceedings of the Fifteenth conference on Uncertainty in Artificial Intelligence. Morgan Kaufmann Publishers Inc., 1999: 467-475.

[16] GUPTA M, ZHAO P, HAN J. Evaluating event credibility on twitter [C]//Proceedings of the 2012 SIAM International Conference on Data Mining. Society for Industrial and Applied Mathematics, 2012: 153-164.

第8章 基于用户兴趣的推荐

8.1 理论基础

现如今推荐系统在各种社会化媒体(如 Twitter、FaceBook、Epinions 等)中发挥着重要作用。目前推荐系统利用社会网络中用户信任关系进行推荐时，尚未明确信任关系所属领域，普遍认为用户间的信任关系是一种跨领域、多领域存在的关系，即用户 A 信任用户 B 表示用户 A 在各个领域均信任用户 B。但事实上，用户在不同领域上会信任不同的用户集[1]。另外，社会化媒体上的用户评分数据也是多类别、跨领域的，尚未对用户评分数据进行领域划分。当在某一特定领域进行推荐时，信任信息跨领域使用会产生偏差，且存在误用其他领域中评分数据的现象，类似问题均会导致推荐效果不佳。

根据推荐系统应用的成功经验，在用户感兴趣的领域进行推荐的成功率更高。如何根据用户的兴趣，利用社交网络中用户间的社会信任关系进行个性化推荐逐渐成为社会网络中推荐系统研究的热点问题。目前社会网络平台已经提出按群组服务的功能，如 Google 的圈功能、Facebook 的群组功能、Twitter 的跟随者列表功能等，但这些"圈"或"群"并不能有效确定目标的可信用户集，因此分析挖掘用户在具体兴趣领域中的信任关系对于提高该情境下推荐的准确性与覆盖率将起到关键性作用。

针对以上问题，本章重点关注用户在具体兴趣领域中的信任关系构建问题，提出了一种基于用户兴趣领域可信圈挖掘的推荐算法。首先通过分析用户在社交网络中的兴趣领域、擅长领域及相互间的关系将已知信任关系进行领域划分(显性信任)，再通过分析用户的历史评分数据确定兴趣领域中的相似用户，根据信任传播原理，挖掘出该领域中的隐性信任关系，最终生成面向特定领域中的用户可信圈。根据兴趣领域中的可信圈进行领域内推荐，能够充分利用该领域中用户信任关系和用户评分数据，同时减弱其他相对无关领域中用户信任关系和用户评分数据对推荐结果的影响，从而达到优化推荐结果的目的。利用公共数据进行验证实验，结果证明本章提出的推荐算法可以更好地利用用户信任关系，相比基于泛化信任关系的传统推荐算法，推荐结果具有更高的准确性与覆盖率。

8.1.1 相关研究工作

传统的协同过滤算法在推荐过程中通常假设用户之间是相互独立的，从而容易忽略用户间的社交关系对推荐结果产生的影响[2]。基于社会网络的推荐算法通过将社会网络中用户间的信任关系引入推荐算法从而提高推荐质量，是目前研究的热门方向之一[3-5]。信任关系可分为显性信任关系和隐性信任关系两种[6]：显性信任关系是指用户之间明确建立的信任关系(在数据集中体现为用户在系统中标注的与邻居的信任关系)；隐性信任关系是利用用户的过往评分或用户之间的交互关系通过计算推理而得。显性信任关系存在获取难和稀疏的问题，目前学者大都通过将显性信任关系和隐性信任关系相结合的方法[7-8]进行推荐研究。Jamali 等[9]利用信任传播机制搜索六步内具有相似性的信任用户，将信任关系与协同过滤方法相结合，提出了基于随机游走的 Trust Walker 模型，解决了冷启动及推荐结果的置信度评估问题。Golbeck[10]提出的 Tidal Trust 模型和 Massa 等[11]提出的 Mole Trust 模型，也是基于信任传播机制推理出隐含的信任关系，并从准确度量用户的信任关系的角度进行研究。上述推荐算法均利用信任的传递性、引用性和耦合性等性质推理出用户间隐含的信任关系，但这些研究都是基于用户间的信任关系是泛化的假设，尚未考虑信任关系具有的领域特性，存在误用其他领域中的信任关系和用户评分数据的现象。

人们已经认识到用户的个人兴趣可以通过社会网络中的历史评分记录来确定，拥有共同兴趣的人在兴趣点上具有更高的相似度。另外，用户间的信任关系与领域有关，用户在不同领域上信任的用户集不同[12]。因此，一些学者提出将用户及其社交关系按圈子进行划分，基于圈子进行推荐以期提高推荐效果。Yang 等[13]根据用户间信任关系的强度将用户和社会关系按照商品类别划分“圈”，提出基于“圈”的推荐算法，但该推荐模型并未考虑信任关系的领域区分性。Zhao 等[14]在社交圈的基础上提出了用户的兴趣相似性和影响力的推荐模型。Yin 等[15]通过发现用户的兴趣点，并结合 PMF 模型提出了基于兴趣圈的 Top-N 推荐，但他们重点考虑了用户兴趣点的发现，并未研究社会关系对推荐系统效果的影响。Zhong 等[16]提出了基于用户移动数据的社交圈推理模型，Lan 等[17]提出了基于多视图网络结构的可自动检测社交圈。以上几种模型均忽略了用户社交关系的领域属性对社交圈形成的影响，都存在误用其他“圈”中信息的现象，推荐系统的评分准确度有待进一步提高。本章将泛化的信任关系进行领域划分，形成基于领域的信任圈，再根据各个领域中的信任圈进行用户推荐。

8.1.2 问题定义

问题：给定网络信任图 $G=(V, E)$，以及用户对各物品的评分 R、其他用户对物品评分 R 的反馈评分 FBR(Feedback Rating)和物品的领域分类 C，如何建立面向目标用户兴趣领域的 M 层可信圈，并依据可信圈预测目标物品评分。

在产品评论网站中，各物品的组织形式往往使用类别的方式，同类别的物品具有相似的特征。在本章中将类别视为领域。

本研究的目标是通过用户的评论记录和用户间的显性信任关系，判断出用户的兴趣领域，寻找出在兴趣领域中目标用户的 M 层可信圈，挖掘用户间的潜在信任关系，然后综合预测目标用户感兴趣的物品评分，以期提高评分预测的准确度及覆盖率。

基于兴趣领域的可信圈模型以目标用户为中心，寻找其兴趣领域中的可信用户集，即首层以可信圈 $\mathrm{Tcircl}_i^{(1)}$ 为用户本身，再以 $\mathrm{Tcircl}_i^{(1)}$ 为中心寻找可信用户集，迭代 M 次，每一次迭代搜索到的可信用户集组成目标用户兴趣领域的 M 层可信圈。可信圈的每层可信用户集由两部分组成：

（1）显性领域信任用户。将已知的泛化信任关系与领域关联，赋予领域内涵，即找到各领域内的显性信任关系，从而形成领域内的显性信任用户(称为显性领域信任用户)。

（2）隐性领域可信用户。根据领域内无显性信任关系的用户的相似性，并结合信任传播机制推理出隐含的信任关系(称为隐性信任关系)，从而形成领域内隐性可信用户(称为隐性领域可信用户)。

在以下章节中，将讨论可信圈模型的组成细节。

8.2　基于显性信任关系的推荐

通常来说，人们往往习惯于在他人所擅长的领域信任对方，譬如官司缠身的人更愿意相信律师的建议，病人更愿意信任医生的建议，孩子成绩下滑了家长更愿意听从老师的建议。因此，假设在未指明信任领域时，用户 u_i 信任用户 u_j，表示用户 u_i 在用户 u_j 擅长的领域中信任用户 u_j，即 $u_i \xrightarrow{F_{u_j}} u_j$。根据此假设，将用户 u_i 在哪些领域信任用户 u_j 的问题转化为求用户 u_j 的擅长领域 F_{u_j}。

1. 根据用户行为判断用户擅长的领域

定义 1　用户的擅长领域指用户对某一领域具有一定的了解，其见解具有参考价值。

通过用户评论数和其评论认可度来判断用户是否对某一领域擅长。用户在擅长的领域中表现出的活跃度往往比其他领域要高。通过各领域评论数占总评论数比例来判断用户在某一领域中的活跃度。另外，用户的评论得到其他用户的认可度越高，则说明其评论越有参考价值。因此确定用户擅长的领域与两个因素有关：用户活跃度和评论认可度。

（1）用户活跃度。其计算公式为

$$\mathrm{Atv}_{u_i}(C_k) = N_{u_i}(C_k) N(C_k)^{-1},\ k \in [1,\ C] \tag{8-1}$$

式中：

$N_{u_i}(C_k)$ —— 用户 u_i 在领域 C_k 中撰写的评论数量；

$N(C_k)$ —— 在领域 C_k 中发布的评论总数目。

（2）评论认可度。当用户 u_i 在领域 C_k 中发布过评论后，其评论的认可度为评论过的所有物品的反馈评分的均值。其计算公式为

$$\mathrm{Apt}_{u_i}(C_k) = l^{-1} \sum_{x=1}^{l} \mathrm{FBR}_{C_k}^{u_i}(x) \tag{8-2}$$

式中：

$\mathrm{FBR}_{C_k}^{u_i}(x)$——用户 u_i 在领域 C_k 中发布的评论的第 x 个反馈评分，$x=1, 2, \cdots, l$。

由以上两个因素的计算公式可得用户擅长领域的判断公式，

$$F_{u_i} = \{C_k \mid \mathrm{Atv}_{u_i}(C_k) \geqslant \mathrm{avg}(\mathrm{Atv}(C_k)),\ \mathrm{Apt}_{u_i}(C_k) \geqslant \varphi\} \tag{8-3}$$

式中：

$\mathrm{Atv}(C_k)$ ——表示所有用户在领域 C_k 上的活跃度；

φ ——阈值。

即用户 u_i 在领域 C_k 中的活跃度超出平均水平，且其他用户的平均认可度不小于阈值 φ，则领域 C_k 为用户的擅长领域。

2. 根据用户行为判断用户兴趣领域

用户会对其感兴趣领域内的物品给予较多关注。通过用户对不同领域内物品的评论数量来判断其兴趣领域。具体规则如下：

定义 2 用户在某一领域中发布的评论数大于等于阈值 θ 且其评论数量最多的领域是用户的兴趣领域；若用户在所有领域的评论数均小于阈值 θ，那么该用户将无法确定兴趣领域。

$$I_{u_i} = \{C_k \mid \max(N_{u_i}(C_k)),\ N_{u_i}(C_k) \geqslant \theta,\ k \in [1, C]\} \tag{8-4}$$

式中：

θ ——阈值；

C ——领域的种类数。

3. 显性领域信任用户

当用户 u_i 对用户 u_j 有泛化信任，而用户 u_j 擅长的领域 C_k 又与用户 u_i 感兴趣的领域一致，那么根据生活经验，人们往往习惯于信任对方擅长的领域，可以得出用户 u_i 在用户 u_j 擅长的领域 C_k 中信任 u_j。因此，将寻找用户 u_i 在其兴趣领域中的领域信任用户问题分解为 3 个小问题：① 求用户 u_i 的兴趣领域 I_{u_i}；② 求用户 u_j 的擅长领域 F_{u_j}；③ I_{u_i} 与 F_{u_j} 是否相等：

（ⅰ）若 $I_{u_i}=F_{u_j}$ 且 $u_i \xrightarrow{T} u_j$，$i\in[1, N]$，$k\in[1, C]$，$i\neq j$，则有 $u_i \xrightarrow{C_k} u_j$；

（ⅱ）若 $I_{u_i}\neq F_{u_j}$ 且 $u_i \xrightarrow{T} u_j$，$i\in[1, N]$，$k\in[1, C]$，$i\neq j$，则 u_i 在领域 C_k 中不信任 u_j。

其中：N 为用户数，C 为领域数。

由情况（ⅰ）可得，用户 u_i 在领域 C_k 中的显性领域信任用户是满足情况（ⅰ）的所有用户的集合。当符合情况(ⅱ)时，用户 u_i 在领域 C_k 中的显性领域信任用户集中不包括 u_j。因此，用户 u_i 在领域 C_k 中的显性领域信任用户集计算如下：

$$TU_i^{(v)} = \left\{ u_j \mid I_{u_i} = F_{u_j},\ u_i \xrightarrow{T} u_j,\ i \neq j \right\} \tag{8-5}$$

式中：$TU_i^{(v)}$——目标用户 u_i 第 v 层的显性领域信任用户集。

8.3 基于隐性信任关系的推荐

显性信任关系获取难且数据稀疏[6]，而在大量无显性信任关系的用户中存在相似度较高的用户，这些相似用户之间可通过其已知的显性信任关系，结合信任传播机制，推断出相似用户之间是否具有隐含的信任关系，即隐性信任关系。本节致力于寻找目标用户在具体领域中的隐性领域信任关系。

在具体领域中面向目标用户计算其与其他用户间的相似度，找出目标用户的领域相似用户集，然后结合信任传播机制找出目标用户存在潜在信任关系的领域相似用户，即隐性领域可信用户。隐性领域可信用户集与显性领域信任用户集共同组成目标用户在该领域中的首层可信圈(即可信圈的第一层)。

1. 领域相似用户

在协同过滤中，用户相似度的主要计算方法有皮尔逊相关系数(PCC)和余弦相似度两种。皮尔逊相关系数用于度量两个向量的线性相关性，计算方式为两个向量之间协方差与标准差的商。余弦相似度计算根据两个向量在 n 维空间中的夹角大小来判断向量之间的相似性，夹角大小可以通过余弦公式来进行判别。

这两种算法都是基于用户共同评分项目来计算用户间的相似度。由于仅通过共同评分项目求得的相似度误差比较大，计算无信任关系两个用户在领域 C_k 中的领域相似度时，对传统方法进行改进，考虑共同评分项目数量对相似度的影响。领域相似度公式如下：

$$\mathrm{sim}_{C_k}(u_i,\ u_j) = \left[1 + \mathrm{e}^{-2^{-1}\mathrm{Itm}(C_k)}\right]^{-1} \mathrm{cos\_sim}_{C_k}(u_i,\ u_j) \tag{8-6}$$

式中：

$\mathrm{Itm}(C_k)$——在领域 C_k 中用户 u_i 和 u_j 共同评价项目的数量；

$\mathrm{cos\_sim}_{C_k}(u_i,\ u_j)$——评分相似度，即根据用户 u_i 和 u_j 在领域 C_k 中共同评价的物品评分情况，使用余弦相似度计算的领域 C_k 中用户 u_i 和 u_j 的用户相似度。

式(8-6)中引入 sigmoid 函数，充分考虑共同评价项目数量对领域相似度的影响，使得当评分相似度相同时，该领域中共同评价项目数量越多则领域相似度越大。

领域相似用户集计算公式如下：

$$SU_i^{(v)} = \{u_j \mid \mathrm{sim}_{C_k}(u_i,\ u_j) > \sigma\} \tag{8-7}$$

式中：

$SU_i^{(v)}$——目标用户 u_i 第 v 层的领域相似用户集；

σ——阈值。

式(8－7)表示在领域 C_k 中，若用户 u_i 与 u_j 的相似度大于阈值 σ，则认为用户 u_j 是用户 u_i 在领域 C_k 中的领域相似用户。

2．隐性领域可信用户

本节致力于通过用户的评分信息和已知的信任关系，在无显性信任关系的用户中寻找对预测目标用户的项目评分具有参考价值的用户，这类用户称为隐性领域可信用户，其定义如下。

定义 3 在领域 C_k 中，若 $u_x \in SU_i^{(v)}$，且 u_x 满足下列条件之一，则 $u_x \in RU_i^{(v)}$。

条件 1：$RU_i^{(v)} = \left\{ u_x \,\middle|\, u_x \xrightarrow{T} u_i,\ u_x \in SU_i^{(v)} \right\}$。

若第 v 层的领域相似用户 u_x 信任目标用户 u_i，即满足如图 8－1(a)所示的关系，则认为用户 u_x 是目标用户 u_i 第 v 层的领域可信用户，记为 $u_x \in RU_i^{(v)}$。条件 1 中，$RU_i^{(v)}$ 表示目标用户 u_i 第 v 层的隐性领域可信用户集。特别强调，图 8－1 中虚线箭头仅表示用户 u_x 的评分对预测目标用户 u_i 的评分具有参考意义，并不用于信任关系表示。

Tang 等[18]提出具有信任关系的用户其物品评分相似性比无信任关系的用户要高。依据此条结论，领域相似用户中与目标用户 u_i 具有信任关系的用户，其评分相似性比其他用户要高，因此此类用户可作为领域可信用户。

条件 2：$RU_i^{(v)} = \left\{ u_x \,\middle|\, u_y \xrightarrow{T} u_x,\ u_y \in [\mathrm{Tcircl}_i^{(v-1)} \cup TU_i^{(v)}],\ u_x \in SU_i^{(v)} \right\}$。

在领域 C_k 中，若目标用户 u_i 已确认的 $v-1$ 层可信圈或第 v 层的显性领域信任集中，存在任一用户 u_y 信任第 v 层的领域相似用户 u_x，即满足如图 8－1(b)所示的关系，则 u_x 是目标用户 u_i 第 v 层的隐性领域可信用户。

条件 2 中，$[\mathrm{Tcircl}_i^{(v-1)} \cup TU_i^{(v)}]$为在领域 C_k 中，目标用户 u_i 已确认 $v-1$ 层可信圈和第 v 层的显性领域信任用户集，即目前确认的可信圈用户集。由可信圈的定义可知，$u_y \in [\mathrm{Tcircl}_i^{(v-1)} \cup TU_i^{(v)}]$，则 $u_i \xrightarrow{T} u_y$，又 $u_y \xrightarrow{T} u_x$，根据信任传播的传递性可得 $u_i \xrightarrow{T} u_x$，即 $u_x \in RU_i^{(v)}$。因此可以证明 u_i 与 u_∞ 存在间接信息关系。图 8－1 中粗实线箭头表示 u_i 间接信任 u_x。

条件 3：$RU_i^{(v)} = \{ u_x \mid u_z \xrightarrow{T} u_y$ 或 $u_y \xrightarrow{T} u_z$，且 $u_y \xrightarrow{T} u_x,\ u_x \in SU_i^{(v)},\ u_y \in SU_i^{(v)},\ u_z \in [\mathrm{Tcircl}_i^{(v-1)} \cup TU_i^{(v)}],\ x \neq y \}$。

在领域 C_k 中，若目标用户 u_i 已确认的 $v-1$ 层可信圈或第 v 层的显性领域信任集中，存在任一用户 u_z 信任第 v 层的领域相似用户 u_y，且 u_y 信任第 v 层的领域相似用户 u_x，即满足如图 8－1(c)所示的关系，则 u_x 是目标用户 u_i 第 v 层的隐性领域可信用户。

条件 4：$RU_i^{(v)} = \left\{ u_x \,\middle|\, u_x \xrightarrow{T} u_y,\ u_y \in [\mathrm{Tcircl}_i^{(v-1)} \cup TU_i^{(v)}],\ u_x \in SU_i^{(v)} \right\}$。

在领域 C_k 中，若目标用户 u_i 已确认的 $v-1$ 层可信圈或第 v 层的显性领域信任集中存在用户 u_y，第 v 层的领域相似用户 u_x 信任 u_y，即满足如图 8-1(d)所示的关系，则认为用户 u_x 是目标用户 u_i 第 v 层的领域可信用户。条件 4 中认定 u_x 是领域可信用户的依据与条件 1 相同。

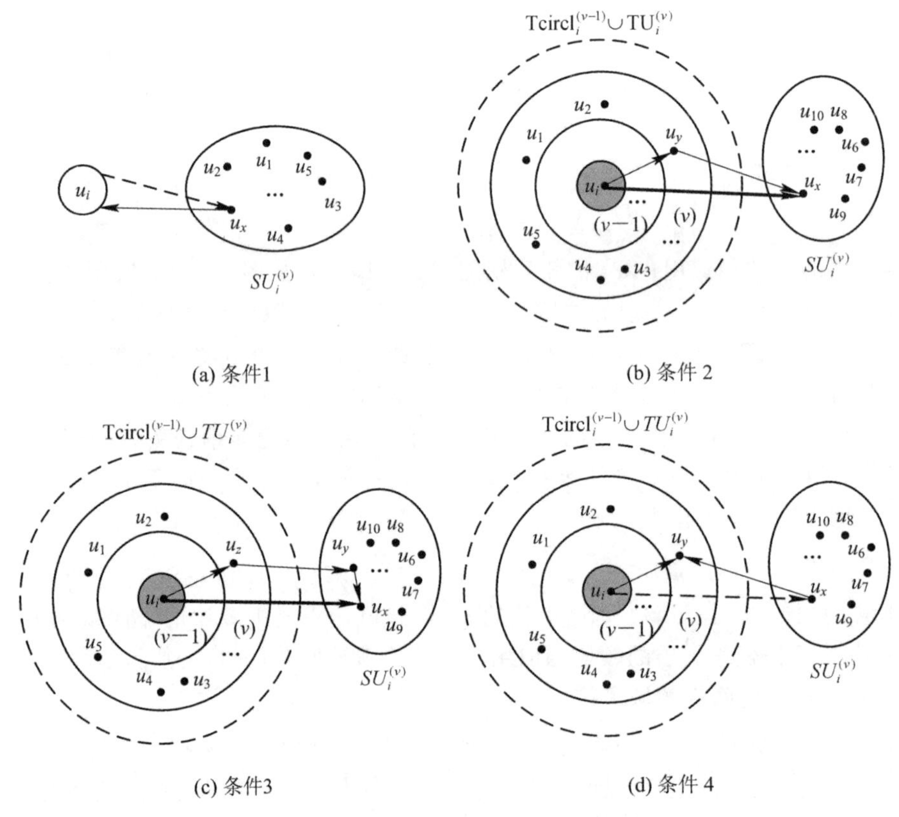

图 8-1　隐性领域可信用户的挖掘条件

8.4　基于用户兴趣的可信圈推荐模型

8.4.1　面向目标用户的可信圈模型构建

针对目标用户 u_i 的兴趣领域的 M 层可信圈算法描述如下：

输入：网络信任图 $G=(V, E)$；用户对各物品的评分 R；其他用户对物品评分的反馈评分 FBR；物品的领域分类 C。

输出：目标用户 u_i 的兴趣领域 I_{u_i}；兴趣领域中的 M 层可信圈 $\mathrm{Tcircl}_i^{(v)}$。

1. 根据式(8-4)确定目标用户 u_i 的兴趣领域 I_{u_i}；
2. for　$v=1$ to M;
3. 　　根据式(8-6)计算用户 u_i 的显性领域信任用户集 $TU_i^{(v)}$；
4. 　　根据定义 3 计算用户 u_i 的隐性领域可信用户集 $RU_i^{(v)}$；
5. 　　形成目标用户的可信用户集：
6. 　　　$\mathrm{Tcircl}_i^{(v)}=TU_i^{(v)}\cup RU_i^{(v)}$；
7. 　　　$u_i=\mathrm{Tcircl}_i^{(v)}$。

end

本章所提的可信圈评分预测方法为：预测目标用户 u 对其兴趣领域中项目 i 的评分，即为目标用户可信圈中所有用户对项目 i 的评分与经归一化处理后的领域相似度乘积的总和。计算公式如下：

$$\hat{r}_{u_i}=\sum_{t\in \mathrm{Tcircl}_i^{(M)}}\{\mathrm{noml}[\mathrm{sim}(u,t)]\times r_{t_i}\}\tag{8-9}$$

式中：

$\hat{r}_{u_i}$——目标用户 u 对项目 i 的预测评分；

r_{t_i}——用户 t 对项目 i 的评分；

$t\in \mathrm{Tcircl}_i^{(M)}$——用户 t 是目标用户 u 的可信圈中的用户；

$\mathrm{noml}[\mathrm{sim}(u,t)]$——经归一化处理的用户 u 与用户 t 的领域相似度。

归一化公式如下：

$$\mathrm{noml}[\mathrm{sim}(u,t)]=\mathrm{sim}(u,t)\Big[\sum_{t\in \mathrm{Tcircl}_i^{(M)}}\mathrm{sim}(u,t)\Big]^{-1}\tag{8-10}$$

式(8-10)中，用户 u 与用户 t 的领域相似度除以用户 u 的可信圈中所有用户的领域相似度之和，即为归一化后的用户 u 与用户 t 的领域相似度。

8.4.2　实验及分析

1. 实验数据集

为了验证本章所提推荐模型的有效性，选用 Tang 等[2,18]提供的 Epinions 数据集进行验证实验。该数据集包含用户之间的信任关系、用户对物品的评分、用户对评分质量的反馈评分及物品的分类。该数据集共包含 22 166 个用户，355 813 条信任标注；已评分的物品数为 296 277，共分为 27 类，评分的总数量为 922 267。用户对物品的评分和对他人评分反馈评价均用 1～5 分表示，代表评分质量或认可程度从低到高。

Epinions 是目前有关信任算法研究普遍采用的一种公开数据集，本实验所用数据包含所需要的用户项目评分数据、基于项目评论质量的认可打分数据以及用户间的直接信任数据。Epinions 中产品所属领域、信任信息以及产品评论认可打分信息并存，相对于其他的数据集来说更适合本实验测试。

从用户集中随机选择 10％的样本作为测试集，即选择 2216 个样本，评分预测使用留一法来评估模型，保留一条评分信息，利用剩余的评分信息和信任网络来预测该评分。

2. 实验参数

图 8－2 所示为用户评论数目分布。其中，图 8－2(a)反映了用户评论数目在 40 条以下的用户占比，可知不足 6％的用户发布的评论数目少于 10，而发布评论数目在 11～30 条的用户约占总用户的 65％，说明大多数用户发布评论的积极性不明显。图 8－2(b)反映了用户评论数目在 100 条以下的用户占比，可知约 90％的用户发布的评论数范围是 11～100，仅有 6％的用户发布的评论数目大于 100 条，其中不足 1％的用户呈现超出 1000 条的海量评论(因超出 100 条评论数目的用户所占比例较小，图中并未显示)。为尽可能多地判定用户的兴趣领域，在可信圈模型中，设定参数 $\theta=10$，即用户评论数目需达到 10 条以上。

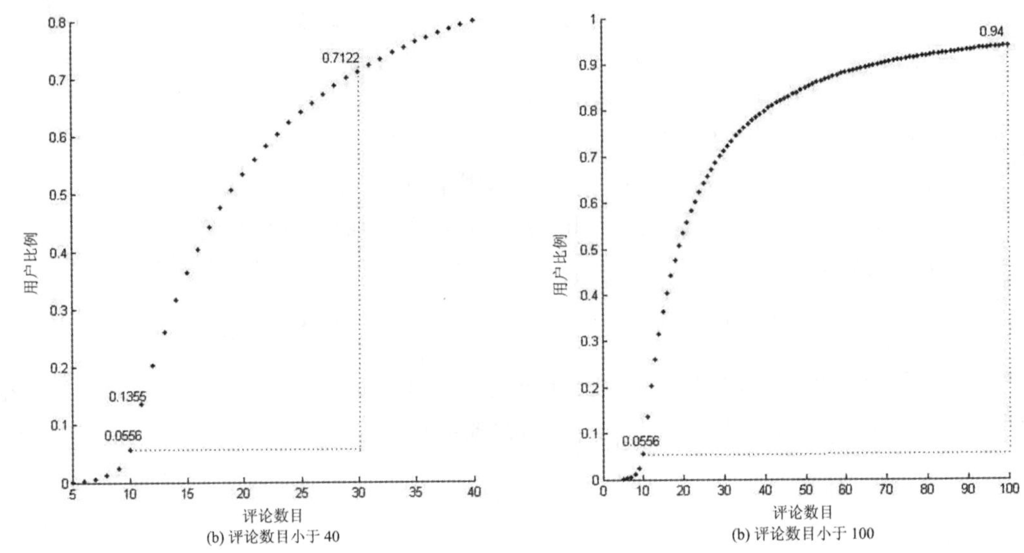

图 8－2　用户评论数目分布

图 8－3 所示为用户的评分和评分反馈分布情况。超过 70％的用户给出 4 分或 5 分的评分，体现出积极评分的现象，这一现象与文献[19-20]提出的论点一致。超过 68％的用户评分给出 2 分，仅 2％的用户评分给出 4 分或 5 分，说明积极评分导致大多数评分的认可度不高。本章方法预估用户对物品的评分，是在用户积极评分的现象下进行预测的，遵循社交网络中存在用户评分和反馈评价的现象，因此设定参数 $\varphi=2$，即用户的评分反馈大于或等于 2。

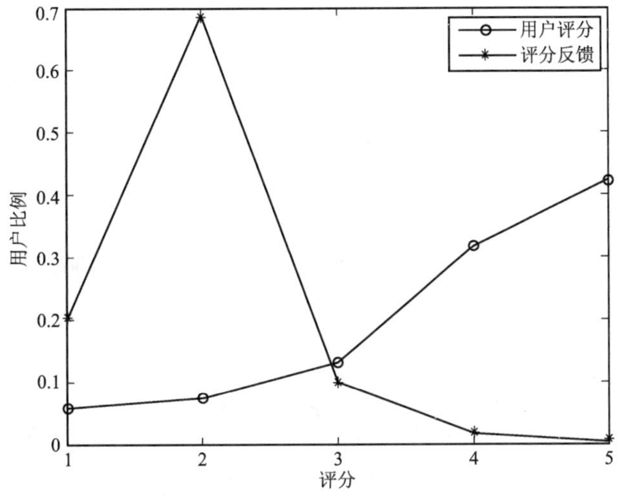

图 8-3　用户评分和评分反馈分布

通过研究参数变化对评估指标 $F1$ 的影响来确定参数的取值，实验中选择 6 组参数进行研究，参数 σ 与指标 $F1$ 的关系如图 8-4 所示。参数 σ 小于 0.85 时，将相似度较低的用户划分为领域相似用户，从而综合推荐效果降低；而当参数 σ 大于 0.85 时，虽推荐精度变高但其覆盖率却大幅降低，从而影响整体推荐效果。因此当参数 $\sigma=0.85$ 时，综合指标最佳，即推荐效果最好。故若 $\text{sim}_{C_k}(u_i, u_j)>0.85$，则认为用户 u_j 是用户 u_i 在领域 C_k 中的领域相似用户。

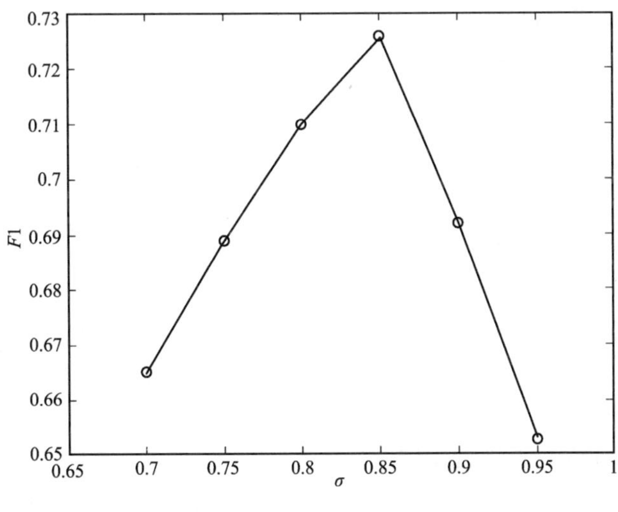

图 8-4　参数 σ 对指标 $F1$ 的影响

3. 评价指标

本章采用均方根误差(RMSE)、平均绝对差(MAE)、精确率(Precision)、$F1$ 指标以及覆盖率(Coverage)作为算法的评价指标，其计算公式分别见式(8－11)、式(8－12)、式(8－13)、式(8－14)和式(8－15)。其中，RMSE 和 MAE 是预测准确性的度量指标，主要用于度量协同过滤系统的预测评分值与实际用户评分值的接近程度。在测试环境下，将数据集分为训练集和测试集，根据训练集中的数据对测试集所包含的数据进行预测，然后分析预测分值和真实分值的差异。MAE 和 RMSE 的值越小，表明预测结果越精准，其中 RMSE 加大了对评分预测不准的惩罚，对推荐算法的测评相对更严格。$F1$ 是综合指标，体现算法的综合性能。

$$\mathrm{RMSE}=\sqrt{\left[\sum_{ui\in T}(r_{ui}-\hat{r}_{ui})^2\right](|T|)^{-1}} \tag{8-11}$$

$$\mathrm{MAE}=\left[\sum_{(ui)\in T}|r_{ui}-\hat{r}_{ui}|\right](|T|)^{-1} \tag{8-12}$$

$$\mathrm{Precision}=1-4^{-1}\times \mathrm{RMSE} \tag{8-13}$$

$$F1=2\times \mathrm{Precision}\times \mathrm{Coverage}\times(\mathrm{Precision}+\mathrm{Coverage})^{-1} \tag{8-14}$$

式中：

r_{ui}——用户 u 对项目 i 的真实评分；

$\hat{r}_{ui}$——系统预测的用户 u 对项目 i 评分；

T——测试样例。

在进行评分预测时，除了衡量评分预测的准确性之外，通常还同时使用覆盖率(Coverage)指标辅助说明可预测评分的物品数量。覆盖率表示评分预测模型能够预测出评分的用户物品占测试集的比例。

$$\mathrm{Coverage}=|\mathrm{Success\_}N|(|T|)^{-1} \tag{8-15}$$

式中：

Success_N —— 测试集中能够预测评分的用户物品的集合。

4. 性能分析

为了验证本章提出的基于兴趣领域可信圈挖掘的推荐算法的有效性，在 Epinions 数据集上将其与经典的随机游走算法(RandomWalk)和基于项目的协同过滤推荐(Item-based CF)模型进行比较，同时将基于兴趣领域的可信圈模型按照信任与领域是否关联分为基于泛化信任关系的可信圈模型(OG-TrustCircle)和基于信任关系领域区分的可信圈模型(DS-TrustCircle)，并将二者进行比较。

从实验结果可以看出，Item-based CF 模型的 MAE 和 RMSE 评估指标值最高(指标值越高表示精度越低)，主要是因为该算法采用的数据稀疏度较高，而该算法对数据的完整性要求较高，所以精确度急剧下降；RandomWalk 模型在 MAE 和 RMSE 指标上明显优于 Item-based CF 模型，这是由于在信任网上随机游走寻找预测项目的关联数据能够在一定程度上缓解数据稀疏问题；本章提出的模型在物品所属领域内寻找目标用户的可信用户圈，通过可信圈中的用户对该物品的评分进行预测目标用户的评分。在 MAE 和 RMSE 两项评估指标上，DS-TrustCircle 模型明显优于 OG-TrustCircle 模型，因为将泛化的信任关系进行领域区分所形成的可信圈，其可信用户与目标用户在物品所属领域内的相关性更为紧密，所以用户对目标物品的评分也能够为目标用户对目标物品的评分提供更有价值的参考。

图 8-5 所示为不同算法的评估指标比较。从 Precision 和 Coverage 两项评估指标可以看出，相对于 Item-based CF 模型，引入信任关系明显提升了推荐评分的精确率和覆盖率，这是由于信任关系缓解了数据稀疏问题。DS-TrustCircle 模型的 Precision 指标最高，说明其预测的精确率也高，而 OG-TrustCircle 模型却没有 RandomWalk 模型的精确率高，究其原因是随机游走的次数达万次，得到的预测参数值远远超过 OG-TrustCircle 模型得到的预测参数值。RandomWalk 模型和 DS-TrustCircle 模型在 Coverage 评估指标上没有明显的性能差别。可信圈模型虽将已知的泛化信任关系根据领域进行了删减，但根据领域中用户评论物品的相似性，经过筛选规则得出的可参考用户，弥补了因删减信任关系而导致的数据信息减少的问题。因此两种模型在 Coverage 评估指标上没有明显的区别。OG-TrustCircle 模型的覆盖率最高，因为不仅有泛化信任关系还有基于用户相似性推理出的可参考用户，所以大大缓解了数据稀疏问题，其 Coverage 评估指标比其他三种算法高出 20%以上。

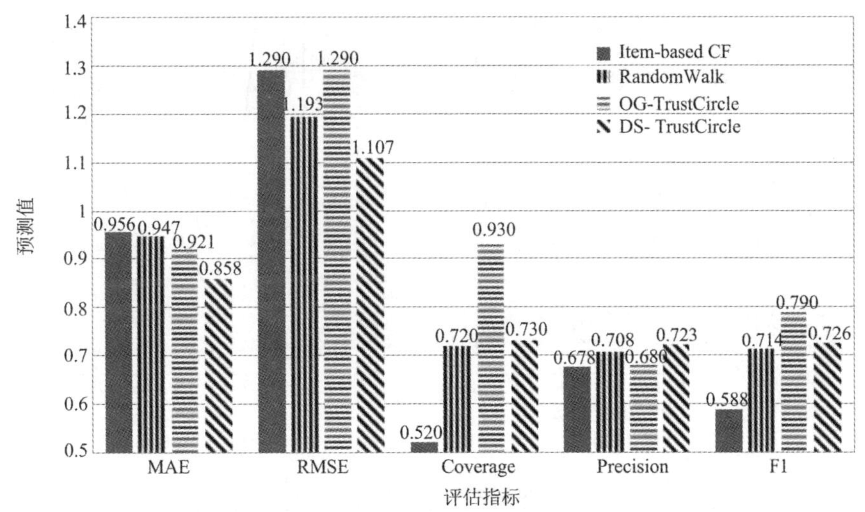

图 8-5　不同算法的评估指标比较

*F*1 评估指标衡量的是推荐算法的整体性能。从实验结果看，数据的稀疏性导致 Item-based CF 算法的整体性能较差；基于信任网的 RandomWalk 模型因信任关系这一条件的加入而

缓解了稀疏性问题，算法的综合性能得到提升；本章提出的信任圈模型利用信任关系来缓解稀疏性问题，OG-TrustCircle 模型的覆盖率非常高，因而其整体性能最好；DS-TrustCircle 模型在目标物品所属领域中寻找与目标用户在该领域中具有潜在信任关系的用户，从而使用于预测的参考评分的精确率得到提升，提升了预测的精确度，但因其将信任关系进行了细分，相比 DS-TrustCircle 模型，覆盖率和 $F1$ 指标均有所下降。总体而言，在利用用户间信任关系的推荐模型中，DS-TrustCircle 模型预测评分的准确度较高，但若考虑整体覆盖情况，则 OG-TrustCircle 模型的预测效果较好。本实验结果也说明信任关系与领域有关，在不同的领域，原有的信任关系可能不存在意义。在具体的领域中研究信任关系比直接使用泛化信任关系提高推荐准确度更有积极作用。

5. 可信圈模型相关指数分析

本节主要分析可信圈层数与预测精度的关系，并分析领域相似度对评分预测的影响。

1）可信圈层数与评分预测效果的关系

图 8-6 所示为可信圈层数和预测精度之间的关系，据图 8-6 可知，可信圈层数为 4 时，MAE 和 RMSE 达到最小值，即预测评分效果最佳。

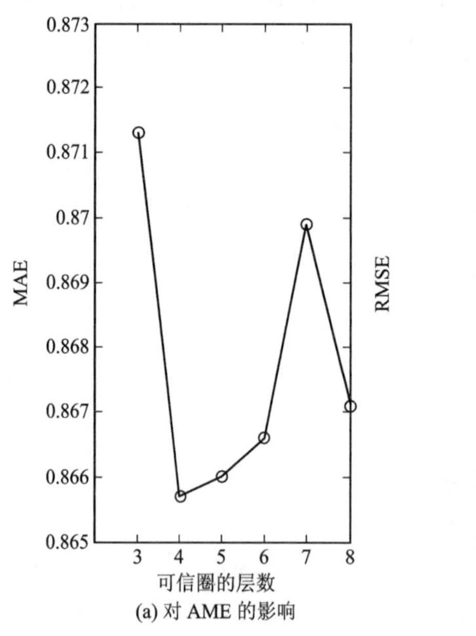

(a) 对 AME 的影响

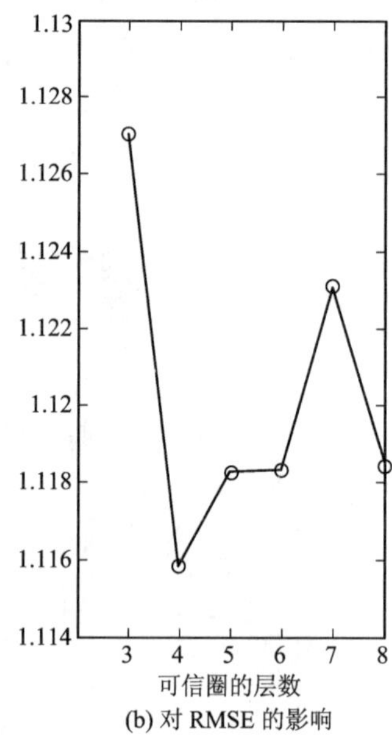

(b) 对 RMSE 的影响

图 8-6 可信圈层数对评估指标的影响

评分预测准确性需综合考虑信任衰减和预测所需参考值两项因素。信任衰减主要与信任层数有关，根据三度影响力原则[21]，当信任关系超过三跳信任强度时会急剧衰减。图 8-7 所示为评分预测所需参考值在可信圈中的分布，预测评分所需样本数在四层可信圈内可穷尽的用户占 80.6%，而三层可信圈内穷尽的用户只占 50%左右。第三层预测评分只有不到 50%的用户，因其参考值样本不全面而使精确率降低，而在第五层之后，由于加入了大量信任关系较弱的参考值样本，因而降低了预测的精确率。因此，综合考虑以上两项因素，第四层的预测评分精确率较高。

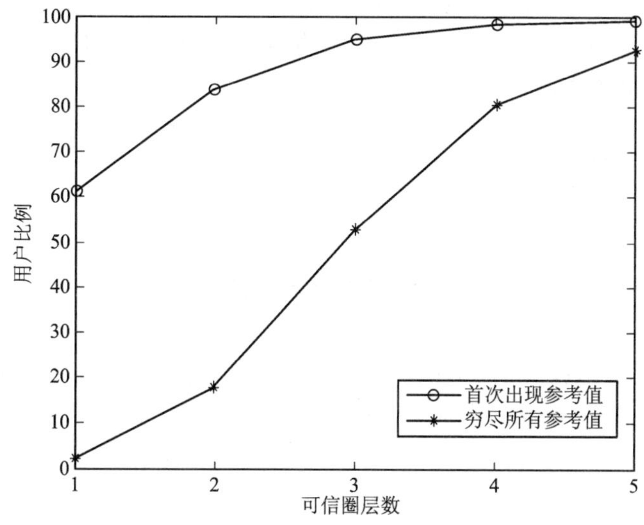

图 8-7　评分预测所需参考值在可信圈中的层数分布

2）领域相似度对评分预测的影响

将本章提出的相似度修正评分预测方法与均值评分预测方法(即目标用户可信圈中用户对项目 i 的实际评分的均值)进行比较，评分预测中领域相似度对评估指标的影响如图 8-8 所示，本章所提方法的 MAE 和 RMSE 两项指标有所降低，表明领域相似度对评分预测的准确度具有提高作用，即预测评分时，在领域中越相似的用户，其评分越具有参考价值。

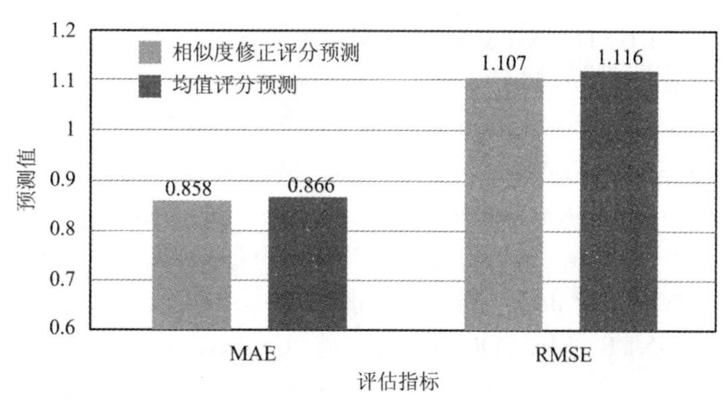

图 8-8　评分预测中领域相似度对评估指标的影响

本章小结

本章提出了一种基于用户兴趣领域的信任圈模型，针对不同兴趣领域分层挖掘用户间潜在的隐形信任关系，并充分融合显性信任关系为用户资源进行综合评分。该模型不仅考虑了信任信息与领域的匹配关系，而且能够挖掘具体领域用户间的隐性信任关系，以提高评分预测的精确度和覆盖率。

公开数据集上的实验表明，基于用户兴趣领域可信圈挖掘的推荐模型在精确率及覆盖率上均优于协同过滤推荐算法和基于泛化信任关系的随机游走推荐算法。同时还发现四层可信圈模型的评分预测效果最优。

本章参考文献

[1] CHEN R，CHANG Y S，HUA Q，et al. An enhanced social matrix factorization model for recommendation based on social networks using social interaction factors [J]. Multimedia tools and applications，2020，79(19)：14147-14177.

[2] TANG J，GAO H，LIU H. mTrust：Discerning multi-faceted trust in a connected world[C]//Proceedings of the 15th ACM International Conference on Web Search and Data Mining. ACM，2012：93-102.

[3] SARWAR B，KARYPIS G，KONSTAN J，et al. Item-based collaborative filtering recommendation algorithms[C]//Proceedings of the 10th International Conference on World Wide Web. ACM，2001：285-295.

[4] DELIC A，MASTHOFF J，NEIDHARDT J，et al. How to use social relationships in group recommenders：empirical evidence[C]//Proceedings of the 26th Conference on User Modeling，Adaptation and Personalization. ACM，2018：121-129.

[5] RODRIGUES M B，DA SILVA G O M，DURÃO F A. User models development based on cross-domain for recommender systems [C]//Proceedings of the 22nd Brazilian Symposium on Multimedia and the Web. ACM，2016：363-366.

[6] TAHERI S M，MAHYAR H，FIROUZI M，et al. Extracting implicit social relation for social recommendation techniques in user rating prediction [C]// Proceedings of the 26th International Conference on World Wide Web Companion. International World Wide Web Conferences Steering Committee，2017：1343-1351.

[7] FAZELI S，LONI B，BELLOGIN A，et al. Implicit vs explicit trust in social matrix factorization [C]//Proceedings of the 8th ACM Conference on Recommender

Systems. ACM, 2014: 317-320.

[8] MASSA P, AVESANI P. Trust-aware recommender systems[C]//Proceedings of the 2007 ACM Conference on Recommender Systems. ACM, 2007: 17-24.

[9] JAMALI M, ESTER M. Trustwalker: a random walk model for combining trust-based and item-based recommendation [C]//Proceedings of the 15th ACM SIGKDD International Conference on Knowledge Discovery and Data Mining. ACM, 2009: 397-406.

[10] GOLBECK J A. Computing and applying trust in web-based social networks[M]. Park: University of Maryland, College Park, 2005.

[11] MASSA P, AVESANI P. Trust metrics on controversial users: Balancing between tyranny of the majority [J]. International Journal on Semantic Web and Information Systems (IJSWIS), 2007, 3(1): 39-64.

[12] ZHANG B, HUANG Z, YU J, et al. Trust computation for multiple routes recommendation in social network sites [J]. Security and communication networks, 2014, 7(12): 2258-2276.

[13] YANG X, STECK H, LIU Y. Circle-based recommendation in online social networks[C]//Proceedings of the 18th ACM SIGKDD International Conference on Knowledge Discovery and Data Mining. ACM SIGKDD, 2012: 1267-1275.

[14] ZHAO G, QIAN X, FENG H. Personalized recommendation by exploring social users' behaviors[C]//International Conference on Multimedia Modeling. Springer, Cham, 2014: 181-191.

[15] YIN B, YANG Y, LIU W. ICSRec: Interest circle-based recommendation system incorporating social propagation [C]//Information Science and Technology (ICIST), 2014 4th IEEE International Conference. IEEE, 2014: 250-255.

[16] ZHONG T, LIU F, ZHOU F, et al. Motion based inference of social circles via self-attention and contextualized embedding [J]. IEEE access, 2019, 7: 61934-61948.

[17] LAN C, YANG Y, LI X, et al. Learning social circles in ego-networks based on multi-view network structure [J]. IEEE transactions on knowledge and data engineering, 2017, 29(8): 1681-1694.

[18] TANG J, GAO H, LIU H. mTrust: Discerning multi-faceted trust in a connected world[C]//Proceedings of the Fifth ACM International Conference on Web Search and Data Mining. ACM, 2012: 93-102.

[19] AU YEUNG C, IWATA T. Strength of social influence in trust networks in

product review sites[C]//Proceedings of the 4th ACM International Conference on Web Search and Data Mining. ACM，2011：495-504.

[20] HU N，PAVLOU P A，ZHANG J. Can online reviews reveal a product's true quality? Empirical findings and analytical modeling of online word-of-mouth communication [C]//Proceedings of the 7th ACM Conference on Electronic Commerce. ACM，2006：324-330.

[21] CHRISTAKIS N A，FOWLER J H. Connected：The Surprising Power of Our Social Networks and How They Shape Our Lives[M]. New York：Little，Brown and Company，2009.

第9章 基于用户影响力的推荐

9.1 用户影响力概述

社会化网络中用户影响力的研究已广泛应用于推荐系统，如广告投放、创新推广、舆论监测与引导等。社会影响力是信息传播的基础，研究者已经证实用户影响力直接关系到社会化推荐的效果。根据生活经验，在决策时专家意见对用户的干预效果更明显，而且用户影响力的传播与网络结构密不可分[1]。因信任的领域特性，基于信任关系构成的网络结构在不同的领域中形成不同的网络结构。在不同的网络结构中，用户影响力的形成和传播具有差异性。因此，针对具体领域进行用户影响力的传播和量化研究，将用户历史行为数据、信任关系与领域属性相结合，笔者提出了一种具有领域敏感性的用户影响力推荐模型。

9.1.1 研究现状

社交网络中用户影响力可以理解为驱使其他用户认同某观点或做出某动作的能力。目前越来越多的研究关注用户影响力在推荐系统中的应用[2]。基于网络拓扑结构的分析方法是最直接的测量用户影响力的方法，它从三个方面测量用户影响力：节点在社会网络结构中的位置的重要性、网络结构相似性、网络可达性。基于节点的重要性衡量用户影响力主要是考虑节点的出度、入度或节点度中心性[3]、介数中心性[4]、紧密度中心性[5]和特征向量中心性来表示节点影响力的大小。Wu 等[6]通过节点度中心性衡量节点对其邻居的平均影响力，Sporns[7]考虑了用户在信息传播中的影响力，其测量方法为介数中心性，Chen 等[8]构建了基于节点度中心性和中介中心性的半局部中心性方法来计算节点影响力。有些学者通过研究网络结构的相似性衡量用户影响力，代表性研究有 SimRank 算法，该算法根据节点与其他节点的关系来测量结构相似性，从相似性的角度来分析社会影响力。Tang 等[9]基于网络结构相似性分析，结合信息内容相似性，提出了局部亲和传播算法来衡量社会影响力的大小。还有一些研究基于网络结构的可达性来测量用户影响力，其基本原理是节点的影响力与它周围节点的影响力密切相关，典型的方法有特征向量中心性[3]、Katz 中心度[10]以及 Page Rank 度量方法[11]。仅使用传统网络结构分析方法衡量用户影响力，忽略了用户间关系的强度、社会关系的领域相关性、信息内容特征等多种因素对社交网络中节点行为决策的影响。因此，一些学者试图利用用户的历史交互行为记录改进网络结构分析方法的不足，以用户间的交互频率或某些活动频率建模，度量用户的社交影响力。Romero 等[12]基于 PageRank 算法以用户间的转发率为基础，提出了 Influence-Passivity 算法。Tang 等人[9]定义了一种话题因子图 TFG 模型来研究用户间基于话题的影响力问题。

9.1.2 当前研究存在的问题

上文所述研究没有在某一具体领域中衡量用户影响力，存在整体影响力大而在某一领域中影响力小或者在某一领域中影响力大而在其他领域中影响力小的现象，因此将用户影响力应用于推荐系统时会降低推荐效果。目前基于信任关系的推荐算法是研究热点。由于信任关系对领域的依赖性，不同领域中用户信任的用户集不同，从而不同领域中构成的网络拓扑结构存在差异，因此，通过网络拓扑结构衡量用户影响力需考虑领域因素。本研究考虑了不同领域中网络结构存在差异的现象，基于具体领域中的网络结构，研究该领域中用户的领域影响力，再结合整体影响力，以信任关系为基础提出了具有领域敏感性的用户影响力推荐模型。

9.2 领域影响力

9.2.1 领域影响力概述

在探讨用户行为对决策过程的影响时，专家意见因其专业性与权威性，往往对用户决策产生更为显著的干预效果，由此领域影响力的概念应运而生。领域影响力聚焦用户在特定社会网络领域内的核心地位与影响力，不仅体现了用户对不同领域的偏好差异与活跃度变化，还涉及用户在该领域内的传播能力。在推荐系统的设计与优化中，充分考虑领域影响力的这些特性，有助于提升推荐算法的个性化与准确性，从而更好地满足用户的多元化需求。

许多传统推荐系统在处理这一概念时采用了简化的假设，将用户间的领域影响力视为均等，即只要用户间存在信任关系，就假定其邻居用户具有与目标用户相等的偏好相似度。这种简化的处理方式在一定程度上促进了推荐系统的发展，却忽略了线上环境中信任关系构建的低成本性和用户间影响力的差异性。实际上，由于线上信任关系的建立相对容易，因此用户的领域影响力呈现出显著的差异性。用户的领域影响力越大，意味着他的号召力越大，同时其他用户的跟随性越强。因此，正确计算用户的领域影响力对于提升推荐算法的准确率具有至关重要的作用。

9.2.2 领域影响力量化建模

领域影响力揭示了社会网络中用户在具体领域中的重要性。Tang 等[13-14]的研究表明，用户对不同领域具有偏好性，且用户在不同领域中的活跃度也存在差异，这些特性导致用户在不同领域的重要性不同。另外，用户的领域传播能力也是衡量用户重要性的一项指标，传播能力强则影响的用户更多，影响力更大。因此，用户在某一领域上的活动特征和社会关系可体现出用户在该领域中的影响力强度。

图 9－1 所示为用户 u_i 的局部社会网络结构，下面将以此为例介绍用户的领域影响力。

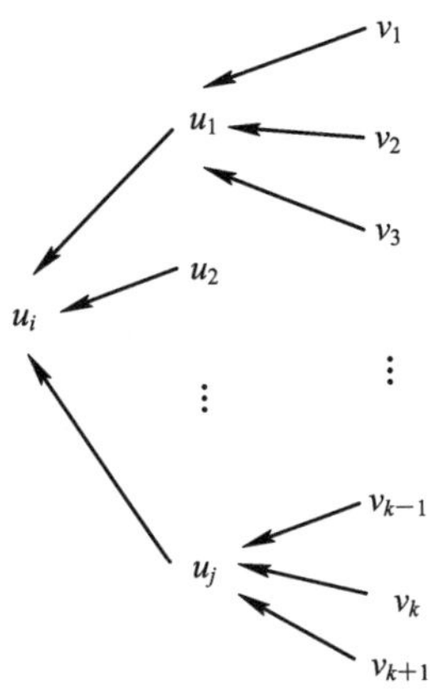

图 9－1　用户 u_i 的局部社会网络结构图

由图 9－1 可知，目标用户 u_i 在领域 f 中的影响力分两部分衡量：一是目标用户 u_i 在领域 f 中的活动特征以及其潜在影响(该领域内的活动可能直接影响的用户)，称为在领域 f 中的固有领域影响力；二是考虑社会网络中其他用户对目标用户 u_i 的传播作用，称为用户领域影响力的传播。

1. 用户固有领域影响力

根据用户固有领域影响力的定义和 Tang 等[13-14]的研究理论，用户在领域 f 中的活动特征主要考虑用户在领域 f 中的活跃度和对领域 f 的偏好。

1）领域偏好影响因子

用户偏好在某一领域发布评论，说明用户对该领域兴趣浓厚且有一定见解，则用户在偏好的领域上发挥的作用比其他领域大。因此，用户的领域偏好可作为衡量用户领域影响力的一个因素。用户 u_i 在领域 f 的领域偏好影响因子计算公式如下：

$$\mathrm{prf}(u_i,\ f) = N_i^f N_i^{-1} \tag{9-1}$$

式中：

N_i^f——用户 u_i 在领域 f 的评论次数；

N_i——用户 u_i 发布的总评论次数。

2）领域活力影响因子

用户在某一领域中的活跃度越高，表现为用户在该领域中活动频繁即发布的评论越多，则在该领域中越具有影响力，因此用户在领域中的活跃程度可作为衡量领域影响力的另一个因素。用户 u_i 在领域 f 的领域活力影响因子（field active impact factor）计算公式如下：

$$\text{act}(u_i, f) = N_i^f (N^f)^{-1} \tag{9-2}$$

式中：

N^f——领域 f 中发布的评论总数。

用户 u_i 在领域 f 中的活动对社会网络存在潜在影响，影响对象为用户 u_i 的链入用户，链入用户信任用户 u_i，那么用户 u_i 对链入用户产生影响力，链入用户越多则潜在影响力越大。因此，用户固有领域影响力计算公式如下：

$$\text{inherent\_infulence}(u_i, f) = \text{indg}(u_i) \times \text{prf}(u_i, f) \times \text{act}(u_i, f) \tag{9-3}$$

式中：

$\text{indg}(u_i)$——用户 u_i 的入度。

2. 用户领域影响力的传播能力

信息具有传递性，因此用户在社会网络中的传播能力决定用户影响力的深度。多数研究者认为，传播深度为 2 跳以内的节点提供的信息对用户的影响力最有价值[15]。本研究在计算用户领域影响传播力时考虑 2 跳以内的节点在领域传播中的贡献值。因此，图 9－1 中用户 u_i 的领域影响传播能力与直接链入用户 u_j 和间接链入用户 v_k 的传播贡献值有关。若 u_j 和 v_k 的传播贡献值大，则 u_i 的领域影响力大。

图 9－1 中用户 u_j 信任 u_i，用户 u_j 与 u_i 的共同评分项目数占用户 u_j 的评分项目总数比重越大，则用户 u_i 对 u_j 的影响越大。另外，u_j 在领域 f 中的固有影响力越大，则其潜在影响力越大。通过领域中的评分数据和信任关系可评估用户 u_j 在领域 f 中对用户 u_i 的领域传播贡献值，如式(9－4)。

$$\text{Contribution}(u_j, u_i, f) = \text{com}_{ji}^f (N_j^f)^{-1} \times \text{inherent\_infulence}(u_j, f) \tag{9-4}$$

式中：

com_{ji}^f—— 用户 u_j 和 u_i 中在领域 f 中的共同评分项目数；

N_j^f——用户 u_j 在领域 f 中的评分项目数。

同理可得，v_k 在领域 f 对用户 u_j 的领域传播贡献值。

$$\text{Contribution}(v_k, u_j, f) = \text{com}_{kj}^f (N_k^f)^{-1} \times \text{inherent\_infulence}(v_k, f) \tag{9-5}$$

用户 u_i 的领域影响传播力评估公式为

$$\text{propagation}(u_i, f) = \text{Contribution}(u_j, u_i, f) + \text{Contribution}(v_k, u_j, f) \tag{9-6}$$

因此，用户 u_i 的领域影响力评估公式为

$$\text{field\_influence}(u_i, f) = \text{inherent\_infulence}(u_i, f) + \text{propagation}(u_i, f) \tag{9-7}$$

9.3 全局影响力

9.3.1 全局影响力概述

在社交网络与电子商务平台中，用户的全局影响力是衡量其在整个网络环境中声誉与地位的重要指标，对于信息传播、用户行为预测及决策支持具有显著意义。鉴于用户评分数据在决策过程中的核心作用，评分质量成为评估用户全局影响力的关键维度之一。

作为用户在社交网络中的综合表现，全局影响力不仅体现在用户在社交关系网络中的活跃度与影响力，还体现在用户在整个网络环境中的声誉与地位。这种影响力不仅基于用户自身的行为特征，还受其他用户对其行为的认可与评价的影响。在评分系统中，用户的全局影响力往往与其评分的真实性、客观性及对其他用户的参考价值紧密相关。

全局影响力的准确性受到以下三个因素的影响。

(1) 局部评分质量：用户对单个商品或服务的评分所体现的质量，可通过其他用户对该评分的打分(即评分质量评价)来衡量。这些评价反映了评分信息的可信程度与参考价值。

(2) 社交网络影响力：用户在社交网络中的位置、活跃度、互动频率等特征，均会影响其评分的传播范围与影响力。因此，在评估用户全局评分质量时，需将其社交网络影响力作为重要权重因子。

(3) 动态调整机制：鉴于用户行为与社交关系的变化性，全局评分质量的计算应采用动态调整机制，定期更新评分数据与社交关系数据，以确保评估结果的时效性与准确性。

9.3.2 全局影响力量化建模

全局影响力指用户在整个社交网络中的影响力。在多种排序算法中，PageRank 算法最著名且使用最广泛。PageRank 算法从网络全局评价节点的重要程度，但其迭代过程中采用平均分配方式将前置节点的 PageRank 值分配给后置节点集，这种平均分配方式忽略了后置节点的重要性，因此该算法不适用于评价社会网络节点的影响力。另外，根据生活经验，用户越信任的人对用户的影响力就越大，即 A 越信任 B，B 对 A 的影响力就越大。基于以上两点，本章提出了 TrustRank 算法，从用户间信任关系的角度评估用户的影响力，并提出按照后置节点的影响力大小对前置节点的影响力进行分配。

TrustRank 算法涉及如下几个概念。

(1) 直观信任：从用户被信任数量和用户发布的高认可度评论数量直接观察而得出的信任度。如果信任用户的人数较多且该用户发布的高认可度的评论较多，那么该用户的直观信任值较高。

(2) 初始影响力：未考虑信任的链接关系，仅通过用户的直观信任得出的最初影响力。

$$I = T \times \lg C \tag{9-8}$$

式中：

C——用户发布的高认可评论数；

T——信任该用户的用户数。

样本中存在少数用户发布的评论数量庞大，普通用户无法与之相比，故采用对数来缩小差异。该方法提高了信任所占影响力的权重。

(3) 影响力权重：在信任网络中用户间的信任程度不同，用户越信任的人，对用户的影响力越大。用户 u_j 信任 u_i，u_j 为前置节点，u_i 为后置节点。对于前置节点，其后置节点的影响力越大，则越容易受后置节点的影响，故而分配的影响力比重越大。因此，影响力权重

$$w_{ji} = I(u_i)\left[\sum_{k \in Y(u_j)} I(k)\right]^{-1} \tag{9-9}$$

式中：

w_{ji}——用户 u_j 对 u_i 的影响权重；

$I(u_i)$——用户 u_i 的初始影响力；

$Y(u_j)$——用户 u_j 信任的用户集合，$u_i \in Y(u_j)$。

用 TrustRank 算法评估全局影响力，其公式如下：

$$\text{ginfluence}(u_i) = (1-p)n^{-1} + p\sum_{u_j \in X(u_i)} \text{ginfluence}(u_j) \times w_{ji} \tag{9-10}$$

式中：

p——阻尼系数，表示用户影响另一个用户的随机概率，取值范围为[0，1]，通常取为0.85；

n——用户总数；

$X(u_i)$——指向用户 u_i 的用户集合，即信任用户 u_i 的用户集合。

在信任网络中，存在节点出度为 0 的情况，即某一用户不信任任何用户，将这类用户统称为悬挂节点。悬挂节点不信任任何用户，说明悬挂节点对信任网络中的其他用户无信任倾向，那么悬挂节点有可能信任某一节点的概率是相同的，则悬挂节点受到其他节点影响的概率相同，称之为影响概率(η)。

$$\eta = I(u_0)\,(n')^{-1} \tag{9-11}$$

式中：

$I(u_0)$——出度为 0 的节点的初始影响力；

n'——信任网中总节点个数。

在 TrustRank 迭代中遇到悬挂节点时的处理方式为：以影响概率 η 跳转到信任网络上的任一节点。

9.4 基于用户影响力的推荐模型

9.4.1 特定领域的用户影响力量化

在进行商品推荐时，用户更容易接受在该商品所属领域中具有较高影响力用户的意见。本章考虑用户影响力在具体领域中的作用，提出了一种具有领域敏感性的用户影响力推荐模型(FieldUI)，该模型的用户影响力由局部影响力和全局影响力构成。

在为某一用户推荐某一物品时，该用户信任的用户在该领域的权威度对用户具有影响力，在该领域中越权威，则目标用户越容易受到影响，也就是对目标用户的影响力越大，则目标用户越容易接受推荐，且推荐效果较好。

用户 u_i 在领域 f 的影响力主要考虑用户 u_i 的信任用户集在领域 f 的影响力及其全局影响力。

$$\text{user\_influence}(u_i)=\sum_{u_j\in \text{Trust}(u_i)}(w\times \text{field\_influence}_{\text{norm}}(u_j,f)+(1-w)\times \text{ginfluence}_{\text{norm}}(u_j)) \tag{9-12}$$

$$\text{field\_influence}_{\text{norm}}(u_j,f)=\text{field\_influence}(u_j,f)\left[\sum_{u_j\in U}\text{field\_influence}(u_j,f)\right]^{-1} \tag{9-13}$$

$$\text{ginfluence}_{\text{norm}}(u_j)=\text{ginfluence}(u_j)\left[\sum_{u_j\in U}\text{ginfluence}(u_j)\right]^{-1} \tag{9-14}$$

式中：

$\text{Trust}(u_i)$——用户 u_i 的 n 层信任用户集；

w ——用户领域影响力的权重系数；

$1-w$ ——全局影响力的权重系数；

$\text{field\_influence}_{\text{norm}}(u_j,f)$—— 归一化计算后的领域影响力；

$\text{ginfluence}_{\text{norm}}(u_j)$——归一化计算后的全局影响力。

9.4.2 实验及分析

1. 实验数据集

为了衡量所提算法的效果，选用 Epinions 数据集[14, 16]进行实验。该数据集包含 22 166

个用户，296 277 个物品，355 813 条信任关系，922 267 条用户对物品的评分，922 267 条用户对评分质量的反馈评分，以及 27 种物品的分类。采用 1～5 分的评分机制，表示喜欢程度从低到高。

Epinions 数据集是现在公开可用的社会评分网络数据集之一，本实验所用数据均来自开源数据集 Epinions 的真实数据，其中包含用户项目评分数据和用户间的直接信任数据。Epinions 中产品所属领域、信任信息以及产品评论信息共存，相对于其他的数据集来说更适合本实验。

2. 衡量指标

本实验进行了 5 次交叉验证。在每个交叉验证中，80％的数据作为训练集，其余 20％作为测试集。采用推荐系统文献中最常用的推荐精度指标作为衡量算法优劣的标准：均方根误差(RMSE)和平均绝对误差(MAE)。其中，RMSE 对评分预测不准确的项目增大了惩罚，指标评价更为严苛。

3. 推荐精度分析

为了分析用户影响力对推荐的作用，将本章所提的具有领域敏感的用户影响力模型(Field UI)与基于项目的协同过滤算法(Item-based CF)、仅依赖信任关系的随机游走算法(Trust Walk)以及典型的 LeaderRank 模型[17]在 Epinions 数据集上进行对比。以上四种算法的 MAE 和 RSME 值的对比如图 9－2 所示。

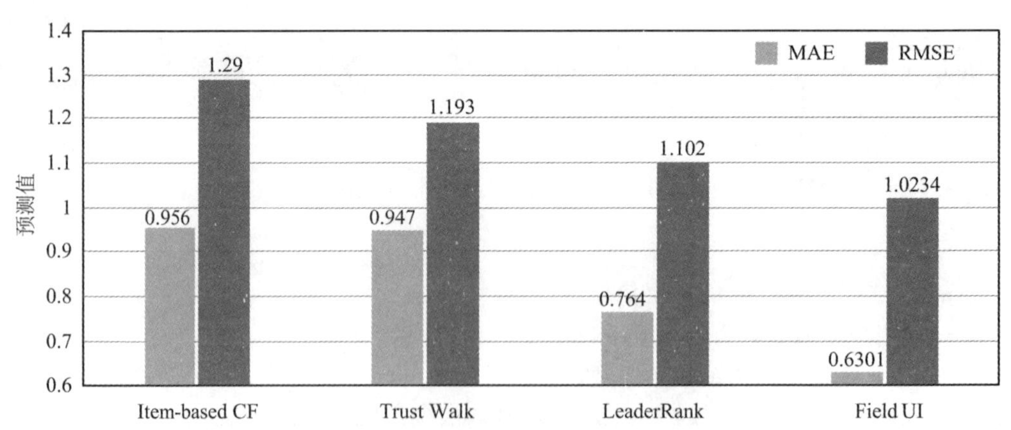

图 9－2　四种不同算法的 MAE 和 RSME 的比较

从图 9－2 中 MAE 和 RMSE 这两个指标可以看出，因 Item-based CF 对数据的依赖性较强，在数据稀疏时推荐效果较差；Trust Walk 中引入信任关系有效缓解了数据稀疏的问题，使得算法的性能得到一定提升；LeaderRank 从网络结构的角度对网络中节点的重要性进行衡量，在推荐时加入了节点指标，使得推荐效果进一步提升。本章所提的 Field UI 不仅从整体角度考虑节点的重要性即全局影响力，也考虑了节点在某一领域上的领域影响力，对用户影响力的计算方法进行了修正，进一步提高了单个领域内的推荐精确度，最终有效提高了模型的整体推荐效果。

4. w_1 和 w_2 的选择

参数 w_1 和 w_2 是用户领域影响力和全局影响力的权重系数($w_1+w_2=1$)，测试的是领域影响力和全局影响力对推荐效果的影响。图 9-3 所示为用户领域影响力权重 w_1 对 MAE 和 RMSE 的影响，由于需满足 $w_1+w_2=1$，因此仅考察参数 w_1 的变化对评价指标的影响。由图 9-3 可知，当仅考虑领域影响力或全局影响力单一条件对推荐效果的影响时(即 $w_1=1$，$w_2=0$ 或 $w_1=0$，$w_2=1$)，仅考虑领域影响力的模型明显优于仅考虑全局影响力的模型。这说明推荐某一物品时，该物品所属领域的专家意见更具有参考性，这一结论与生活常识相符合。当权重系数 $w_1=0.7$，$w_2=0.3$ 或 $w_1=0.6$，$w_2=0.4$ 时，推荐精度 MAE 效果相当，但从对推荐算法测评更严苛的 RMSE 指标上看，$w_1=0.7$，$w_2=0.3$ 时推荐效果最佳。因此，在衡量用户影响力时，需综合考虑用户领域影响力和全局影响力。为提高推荐效果，用户在单个领域的影响力所占比重较大，同时不能忽略用户在全局中的影响力作用。这与日常生活情况相符，人们更愿意听取某一领域中权威人士的意见，当然也要考虑该权威人士的整体认知水平。

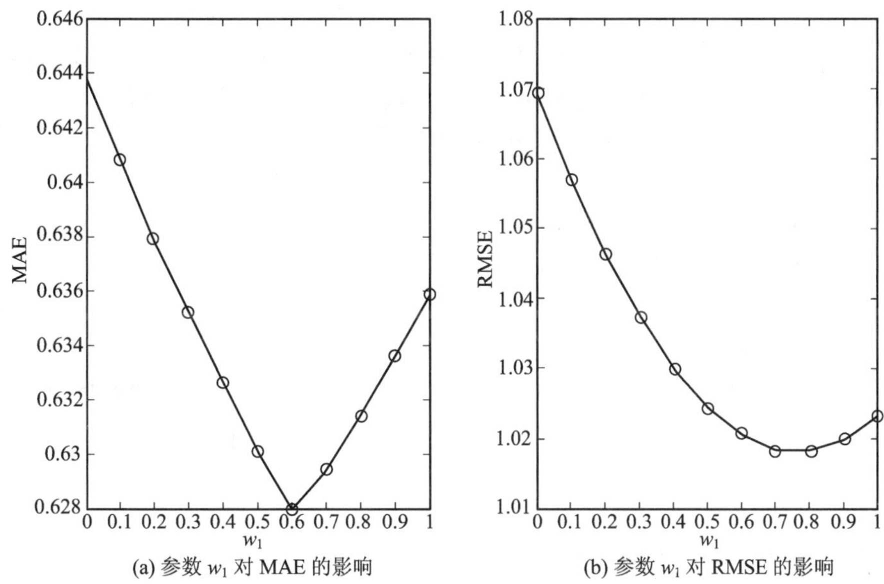

(a) 参数 w_1 对 MAE 的影响　　(b) 参数 w_1 对 RMSE 的影响

图 9-3　参数 w_1 对 MAE 和 RMSE 的影响

本章小结

本章提出了一种具有领域敏感的用户影响力模型。首先基于具体领域中的信任网络，结合用户历史行为数据，充分考虑影响力传播因素，构建用户领域影响力模型；然后，从用户在网络中的整体角度提出用trustRank算法衡量全局影响力，该模型从领域影响力和全局影响力两个方面优化用户影响力。通过在公开数据集上进行实验，结果表明本章提出的具有领域敏感的用户影响力模型在精确率上优于Item-based CF算法、Trust Walk算法和LeaderRank算法。实验结果表明，在具体领域中衡量用户影响力对提升推荐效果具有明显的积极作用，同时还应考虑用户在整体网络中的全局影响力。因此在信任网络中将用户影响力进行领域敏感性分析，从具体和整体两个角度综合评估用户影响力，对提高推荐算法的推荐效果起着重要的作用。

本章参考文献

[1] SUN J, TANG J. A survey of models and algorithms for social influence analysis [C]//Social Network Data Analytics. Springer, Boston, MA, 2011: 177-214.

[2] WANG Q, LIU X, ZHANG S, et al. A novel APP recommendation method based on SVD and social influence [C]//International Conference on Algorithms and Architectures for Parallel Processing. Springer, Cham, 2015: 269-281.

[3] BONACICH P. Some unique properties of eigenvector centrality [J]. Social networks, 2007, 29(4): 555-564.

[4] FREEMAN L C. A set of measures of centrality based on betweenness [J]. Sociometry, 1977, 40: 35-41.

[5] FREEMAN L C. Centrality in social networks conceptual clarification [J]. Social networks, 1978, 1(3): 215-239.

[6] WU X D, LI Y, LI L. Influence analysis of online social networks [J]. Chinese journal of computers, 2014, 37(4): 735-752.

[7] SPORNS O. Structure and function of complex brain networks [J]. Dialogues in clinical neuroscience, 2013, 15(3): 247.

[8] CHEN D, LÜ L, Shang M S, et al. Identifying influential nodes in complex networks[J]. Physica A: statistical mechanics and its applications, 2012, 391(4): 1777-1787.

[9] TANG J, SUN J, WANG C, et al. Social influence analysis in large-scale networks

[C]//Proceedings of the 15th ACM SIGKDD International Conference on Knowledge Discovery and Data Mining. ACM, 2009: 807-816.

[10] KATZ L. A new status index derived from sociometric analysis [J]. Psychometrika, 1953, 18(1): 39-43.

[11] GALUBA W, ASUR S, HUBERMAN B A, et al. Influence and passivity in social media[C]//Proceedings of the 20th International Conference Companion on World Wide web. (WWW'11). Hyderabad, India, March, 2011: 113-114.

[12] ROMERO D M, GALUBA W, ASUR S, et al. Influence and passivity in social media [C]//Joint European Conference on Machine Learning and Knowledge Discovery in Databases. Springer, Berlin, Heidelberg, 2011: 18-33

[13] TANG J, GAO H, LIU H. mTrust: Discerning multi-faceted trust in a connected world[C]//Proceedings of the Fifth ACM International Conference on Web Search and Data Mining. ACM, 2012: 93-102.

[14] TANG J, GAO H, LIU H, et al. eTrust: Understanding trust evolution in an online world[C]//Proceedings of the 18th ACM SIGKDD International Conference on Knowledge Discovery and Data Mining. ACM, 2012: 253-261.

[15] CHA M, HADDADI H, BENEVENUTO F, et al. Measuring user influence in twitter: The million follower fallacy [C]//Proceedings of the 4th International AAAI Conference on Weblogs and Social Media. Washingto, DC, USA, 2010: 10-17.

[16] ZHANG B, HUANG Z, YU J, et al. Trust computation for multiple routes recommendation in social network sites [J]. Security and communication networks, 2014, 7(12): 2258-2276.

[17] CHEN D, LÜ L, SHANG M S, et al. Identifying influential nodes in complex networks[J]. Physica A: Statistical mechanics and its applications, 2012, 391(4): 1777-1787.

第 10 章 推荐效果的平衡问题

10.1 平衡问题的提出

基于网络结构的推荐算法通常利用物质扩散(MD)[1]等物理动力学算法来寻找节点之间的关联强度与价值，从而进行推荐，这种算法因其适应性强、推荐准确性高、对环境要求低而得到广泛关注，但因其过度依赖用户对物品的选择关系，导致该类方法严重倾向于推荐热销商品，推荐的准确性提高了，但推荐的多样性却降低了[2]。近年来社会化媒体发展迅速，社会网络中存在丰富的用户关系信息，已有研究表明，用户之间的信任关系会影响用户的决策[3-5]。这些丰富的用户关系数据为平衡推荐系统的准确性与多样性提供了一种新的思路。另外，在真实推荐系统中，用户或商品总量很大，但每个用户选择的商品数量有限，网络中的主要客户群体是选择商品数量较少的用户(称为小度用户)[6]。这些用户的推荐性能对推荐系统的整体性能起着至关重要的作用。因此，要提高推荐系统的性能，不仅需解决推荐结果的准确度和多样性之间的平衡问题，还需关注小度用户群体的推荐性能。

10.2 相关研究工作

近年来，为提高推荐系统的性能，将物质扩散和热传导理论应用于基于网络结构的推荐系统，为推荐算法的研究开辟了新的方向。如，Zhou 等[1]最早提出的物质扩散算法，Zhang 等[7]提出的热传导算法，以及在此基础上衍生出的各种方法——将 MD 和 HC 相结合的非线性混合推荐算法(HPH)[8]，偏置热传导(BHC)[9]、平衡扩散推荐算法(BD)[10]、优先扩散算法(PD)[11]以及一些其他方法[12-13]，都在一定程度上提高了推荐准确性，但这些研究单纯依赖物品选择关系使得推荐流行商品的现象加剧，而推荐的多样性和新颖性不佳。

为了缓解上述算法的不足，研究人员将信任关系与物质扩散算法相结合，Wang 等[14]提出了基于信任关系的物质扩散算法，结合用户之间的隐式信任和显式信任，提高了算法性能。Chen 等[15]将信任关系引入 MD 和 HC 方法，提出了 Hybrid Trust MD+HC 方法，在一定程度上提高了推荐的多样性，但该研究并未充分挖掘隐性信任关系，使得算法只对信任关系丰富或购买经验较多的用户效果的推荐较好。Chen 等[16]将信任关系引入原始的

Cos RA 方法中，提出了 CosRA＋T[17] 方法，利用余弦相似度和资源分配的优点提高了推荐系统的准确性。这些研究以用户间的信任度作为权重进行资源分配，虽在一定程度上提高了推荐模型的性能，但其信任度的计算依旧依赖物品选择关系，并未充分利用额外的信任信息构建信任度衡量方法，用户数据单一导致的问题依然存在。另外，这些研究没有考虑用户显性评分或删除低档评分(3 分以下)的项目评价，在一定程度上加剧了数据的稀疏性和单一性，而且忽略了用户口碑对推荐的作用。最后，这些研究的关注点为大度用户，忽略了小度用户，而小度用户在真实推荐系统中却是不容忽视的庞大群体。

鉴于以上问题，本章提出了一种基于信任网络和口碑的物质扩散模型(DWMD)。该模型根据信任关系和物品选择关系分别构建了两个网络结构三分图，并用可调参数将两个网络结合，平衡了推荐的准确性和多样性。基于信任关系的网络结构中，依据信任网络结构挖掘隐性信任关系，并构建信任强度衡量模型，根据信任强度进行资源分配；基于物品选择关系的网络结构中，充分利用物品评价信息，提高推荐物品的准确度。通过调节参数可将以上两种网络结构结合起来。在真实数据集上的实验表明，本章所提方法比基准方法有效改善了准确度和多样性的平衡问题，确保准确性的同时提高了多样性；信任关系的引入能有效提高小度用户的推荐性能，有效缓解推荐算法因以小度用户作为推荐对象而导致的广义冷启动问题。

10.3 基于口碑物质扩散的平衡方法

10.3.1 概述

用户口碑作为反映物品实际质量与用户满意度的直接指标，对于提升推荐算法的准确性和促进推荐结果的多样性具有至关重要的作用。传统的物质扩散推荐算法在处理资源分配时，往往遵循均匀分配的原则，这在一定程度上忽视了用户的实际体验与反馈(即口碑)对推荐效果的影响。因此，深入整合并分析物品的口碑评价，成为优化推荐系统性能的关键路径。

物品的口碑会对推荐结果的准确性产生一定的积极的影响。

(1) 精准匹配用户需求：物品的评分及用户评论等口碑信息，能够直接反映物品的质量、满意度及用户的偏好。将这些信息纳入推荐算法的考量范畴，系统能够更精准地捕捉用户的潜在需求，从而在海量物品中筛选出与用户兴趣高度契合的推荐项，显著提高推荐的准确性。

(2) 优化权重分配：相较于传统的均匀分配资源的方法，利用口碑信息可以动态调整不同物品在推荐过程中的权重。高口碑物品因其更广泛的用户认可度和更高的满意度，将被赋予更高的推荐优先级，从而减少了推荐不相关或低质量物品的可能性，进一步增强了推荐的准确性。

虽然高口碑物品在提升推荐准确性方面占据优势，但过度集中于这些物品可能导致推荐列表的同质化。因此，在推荐系统中还需综合考虑口碑与物品的多样性特征(如类型、风格、新颖性等)，可以在保证推荐准确性的同时，引入更多元的推荐选项，鼓励用户探索未知领域，增加推荐的多样性。另外，口碑信息还能帮助推荐系统在热门与冷门物品之间找到平衡。一方面，高口碑的热门物品能吸引用户注意力；另一方面，具有独特价值但尚未被广泛发现的冷门物品，若其口碑良好，也应被纳入推荐范畴，以丰富推荐内容的多样性，满足不同用户的个性化需求。

10.3.2 基于口碑物质扩散的平衡模型构建

推荐系统可以通过“用户-物品”的二分网络 $G(U, O, E)$ 进行描述，其中有 m 个用户 $U=\{u_1, u_2, \cdots, u_m\}$ 和 n 个物品 $O=\{O_1, O_2, \cdots, O_n\}$，$E$ 表示用户与物品选择关系的边的集合。二分网络可以用一个 $m\times n$ 邻接矩阵 $\mathbf{A}$ 表示，如果用户 u_i 选择过物品 o_α，则 $a_{i\alpha}=1$，否则 $a_{i\alpha}=0$。推荐系统的主要目的是为目标用户 u_i 提供其最需要的 L 个未选择的物品 O^L。k_i 表示用户 u_i 选择的物品数量，k_α 表示选择物品 o_α 的用户数。信任关系可以通过“用户-用户”二分网络 $G(U, T)$ 进行建模，T 表示用户之间的信任关系，并用一个 $m\times m$ 邻接矩阵 $\boldsymbol{B}$ 表示。如果用户 u_i 信任用户 u_j，则 $b_{ij}=1$，否则 $b_{ij}=0$。在此基础上构建“用户-用户-物品”三分图 $G(U, O, E, T)$。

在传统的物质扩散推荐算法中，以均匀分配原则获得资源或分配资源，忽略了物品口碑对推荐的影响。物品的评分代表用户对物品的认可度，既流行又有口碑的物品才值得推荐。本研究根据物品的口碑及流行度进行推荐，提出按权重进行资源分配的具有评分敏感性的物质扩散算法，具体方法如下。

第 1 步：目标用户 u_i 所选择的物品初始资源设为 1，未选择的物品初始资源设为 0，即物品 o_α 的初始资源为

$$f_{i\alpha} = a_{i\alpha} \tag{10-1}$$

第 2 步：按照权重 $w_{\alpha j}=r_{j\alpha}R^{-1}(o_\alpha)$ 从物品 o_α 获取资源，$r_{j\alpha}$ 为用户 u_j 对物品 o_α 的评分，$R(o_\alpha)$ 为物品 o_α 获得的总评分。用户 u_j 从物品 o_α 获得的资源量为

$$f_j^r = \sum_{\alpha=1}^{n} f_{j\alpha} \times w_{\alpha j} \tag{10-2}$$

第 3 步：按照权重 $w_{i\beta}=r_{i\beta}R^{-1}(u_i)$ 向物品 o_β 分配资源，任一物品 o_β 最终获得的资源量为

$$f_\beta^r = \sum_{i=1}^{m} a_{i\beta} \times f_i^r \times w_{i\beta} = \sum_{\alpha=1}^{n} R^{-1}(o_\alpha) \sum_{i=1}^{m} r_{i\alpha} r_{i\beta} a_{i\alpha} a_{i\beta} R^{-1}(u_i) \tag{10-3}$$

式中：

$R(u_i)$——用户 u_i 给出的评分总和。

项目转移矩阵为

$$w_{\beta\alpha}^{r} = R^{-1}(o_\alpha)\sum_{i=1}^{m} r_{i\alpha} r_{i\beta} a_{i\alpha} a_{i\beta} R^{-1}(u_i) \tag{10-4}$$

图 10-1 所示为基于“用户-物品”构建的二分网络 $G(U, O, E)$ 物质扩散模型，用户与物品分别用圆圈和方块表示。黑色实线连接用户所选择的物品，实线的权重为用户对所选物品的评分。实心圆圈表示目标用户。用户和物品旁的数值是经过物质扩散后的资源量。将图 10-1 中的(a)与(b)进行对比，结果是具有口碑敏感性的物质扩散对于评分高但购买量小的物品会得到推荐，而购买量多但评价低的物品却会被抑制推荐。

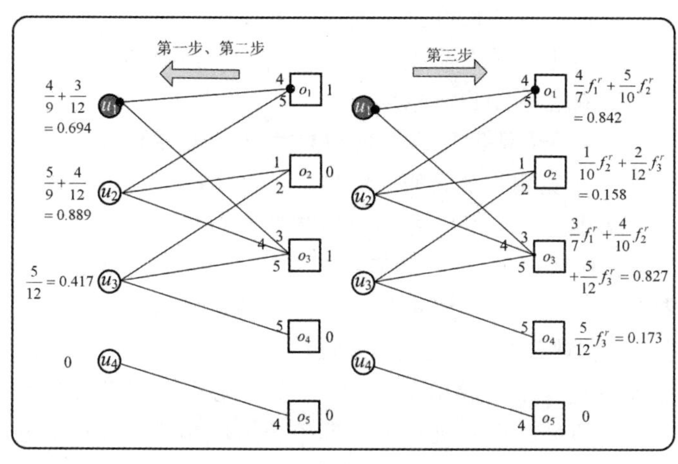

(a) 具有评分敏感性的物质扩散

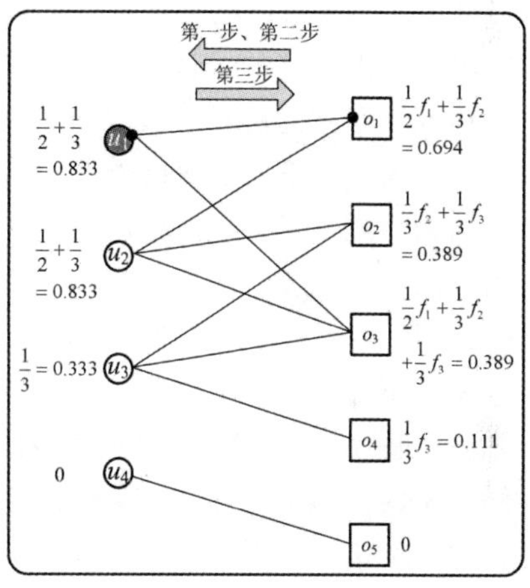

(b)无评分修正的传统物质扩散

图 10-1　基于“用户-物品”二分网络的物质扩散模型

具有口碑敏感性的物质扩散的算法如下。

输入：“用户-物品”的二分网络、物品评分矩阵、目标用户。

输出：物品的资源量。

1. for $\beta \geqslant 1 \&\& \beta \leqslant n$;
2. 　　根据式(10-1)，物品资源初始化；
3. 　　根据式(10-2)，计算用户 u_j 从物品 o_α 获得的资源量 f_j^r，$j=1, 2, \cdots, m$；
4. 　　根据式(10-3)，计算物品 o_β 最终获得的资源量 f_β^r。

end

10.4 基于信任网络物质扩散的平衡方法

10.4.1 概述

信任关系在推荐系统中扮演着至关重要的角色，会对推荐效果的准确性和多样性产生显著影响。

信任关系能够弥补评分网络的稀疏性，为推荐系统提供更多的信息来源。当用户之间存在信任关系时，推荐系统可以不仅仅依赖用户自身的评分数据，还可以参考其信任的朋友或专家的评分和偏好，从而增加推荐依据的丰富性和多样性，提高推荐结果的准确性。另外，信任关系还能反映用户之间的相似性和兴趣偏好。基于信任关系的推荐算法能够更准确地捕捉用户的个性化需求，将用户可能感兴趣但尚未发现的物品推荐给他们。这种个性化推荐方式能够显著提高推荐结果的准确性和用户满意度。

首先，信任关系网络能够引入新的信息源，帮助用户发现与自身兴趣相关但尚未接触过的物品或领域。这种新信息的引入能够拓宽用户的视野，增加推荐结果的多样性，满足用户的探索欲望。其次，在信任关系网络中，由于用户之间的相互影响和推荐，长尾物品(长尾物品指的是那些流行度较低但具有独特价值的物品)有机会被更多用户发现和接受。这种长尾推荐不仅能够提高推荐结果的多样性，还能够满足用户的个性化需求，提升用户体验。最后，信任关系能够帮助推荐系统在热门与冷门物品之间找到平衡。一方面，通过信任关系网络中的传播效应，热门物品能够更快地传递给更多用户；另一方面，由于信任关系的个性化和多样性特点，冷门但高质量的物品也有机会被推荐给合适的用户，从而避免推荐结果过于集中在少数热门物品上。

10.4.2 基于信任网络物质扩散的平衡模型构建

在现实社会中，人们总是倾向于选择朋友为我们做出的推荐。基于这一实际情况，假设目标用户倾向于选择其信任的用户所购买或推荐的物品，即用户 u_i 信任用户 u_j，用户 u_j 选择物品 o_α，则物品 o_α 可以推荐给用户 u_i。

信任关系可以通过“用户-用户”二分网络进行建模，并用一个 $m \times m$ 的邻接矩阵 $\boldsymbol{B}$ 表示。如果用户 u_i 信任用户 u_j，则 $b_{ij}=1$，否则 $b_{ij}=0$。显性信任关系较为稀疏，隐藏在网络中的隐性信任关系在推荐算法中尚未使用。本研究从网络结构挖掘隐性信任关系，从显性和隐性两方面进行基于信任关系的物质扩散建模，以达到提升推荐效果的目的。现有研究大多通过用户所选物品的相似性作为信任权重进行资源分配，信任权重依然根据所选物品进行建模，未充分利用社会网络中的信任关系，而且对于物品选择较少的用户推荐效果不佳。本研究从信任网络结构的角度挖掘隐性信任关系并通过网络结构衡量用户间的信任程度，有效降低了数据的稀疏性；通过在网络结构中引入额外信息，提高了推荐性能。

1. 显性信任

定义 1： 显性信任指用户已声明的信任关系，即用户 u_i 明确表示信任用户 u_j。用户 u_i 对用户 u_j 的信任程度通过共同选择的物品数以及评分相似度进行衡量，其计算公式如下：

$$T_{ij}^{\text{sim}} = \left(\sum_{\alpha=1}^{n} a_{i\alpha} a_{j\alpha}\right)\left[\sqrt{k_i k_j}\right]^{-1} \text{sim}(i, j) \tag{10-5}$$

式中：

sim(i, j) —— 通过余弦相似度公式计算的用户 u_i 和用户 u_j 的评分相似度；

k_i—— 用户 u_i 选择的物品数量；

k_j—— 用户 u_j 选择的物品数量。

2. 隐性信任

根据生活经验，如果两个人同时信任第三个人，那么他们之间可能存在潜在的信任关系，称为耦合信任。同样，如果两个人同时被第三个人信任，那么他们之间也可能存在潜在的信任关系，称为共引信任。隐性信任指通过信任网络的网络结构推理出的信任关系。

(1) 耦合信任(CT)：用户 u_j 与目标用户 u_i 共同信任的用户越多，那么用户 u_j 与用户 u_i 之间存在的耦合信任越强。

$$\text{CT}_{ij} = \left(\sum_{l=1}^{m} b_{il} b_{jl}\right)\text{outdg}^{-1}(u_i) \tag{10-6}$$

式中：

b_{il}——用户 u_i 信任用户 u_l；

b_{jl}——用户 u_j 信任用户 u_l；

outdg(u_i) —— 用户 u_i 的出度，即用户 u_i 信任的用户数目。

(2) 共引信任(CC)：同时信任用户 u_i 和用户 u_j 的用户越多，那么用户 u_j 与用户 u_i 之间存在的共引信任越强。

$$\text{CC}_{ij} = \text{indg}^{-1}(u_i)\sum_{l=1}^{m} b_{li} b_{lj} \tag{10-7}$$

式中：

indg(u_i) —— 用户 u_i 的入度，即信任用户 u_i 的用户数目；

b_{li}——用户 u_l 信任用户 u_i；

b_{lj}——用户 u_l 信任用户 u_j。

(3) 隐性信任度量。

定义 2： 若 u_i 与 u_j 无显性信任关系，用户 u_j 与目标用户 u_i 同时具有耦合信任和共引信任，则认为用户 u_j 与目标用户 u_i 存在隐性信任。目标用户 u_i 与其隐性信任用户 u_j 的信

任权重

$$T_{ij} = 2^{-1}(\mathrm{CT}_{ij} + \mathrm{CC}_{ij}) \tag{10-8}$$

在“用户-物品”二分图的基础上构建“用户-用户-物品”三分图 $G(U, O, E, T)$，图 10-2 所示为基于信任网络的物质扩散，图中包含了 $\{u_1, u_2, u_3, u_4\}$ 4 个用户以及用户之间的信任关系和物品选择。同一用户用虚线相对应。用户之间的显性信任关系用实线箭头表示，隐性信任关系用虚线箭头表示。用实线连接用户所选择的物品，图中数字为用户对所选物品的评分，灰色圆圈表示目标用户。具有耦合信任关系的用户对是 (u_1, u_2)、(u_1, u_4)，具有共引信任关系的用户对是 (u_1, u_3)、(u_1, u_4)、(u_2, u_3) 和 (u_3, u_4)，则用户 u_1 和 u_4 之间存在隐性信任关系，图 10-2 中用虚线箭头表示。

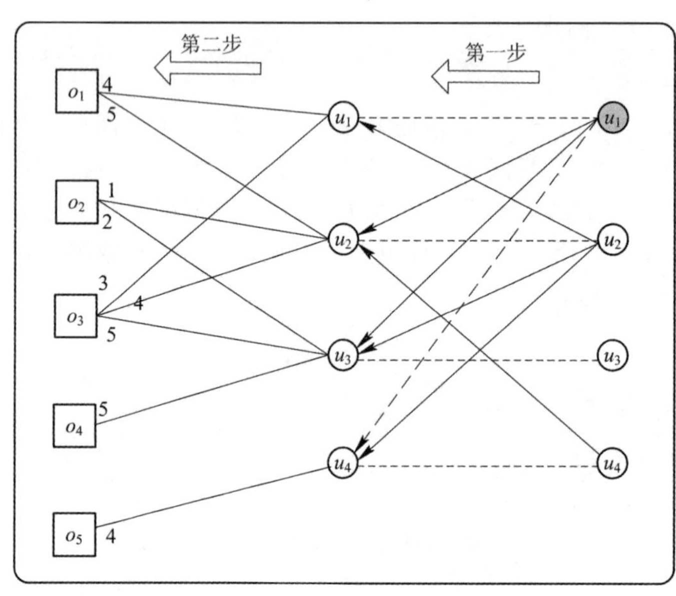

图 10-2 基于信任网络的物质扩散

基于信任网络的物质扩散算法的具体步骤如下。

第一步：目标用户 u_i 通过信任网络向显性信任用户按照权重 T_{ij}^{sim} 分配初始资源，向隐性信任用户按照权重 T_{ij} 分配初始资源：

$$f_j^{\mathrm{trust}} = f_i B_{ij} T_{ij} + f_i b_{ij} T_{ij}^{\mathrm{sim}} \tag{10-9}$$

式中：

f_i——用户 u_i 从所选物品中获得的资源量；

b_{ij}——用户 u_i 与 u_j 具有的显性信任关系。

式(10－9)中，用户 u_i 与 u_j 具有的隐性信任关系用 $B_{ij}=\begin{cases}1, & T_{ij}\neq 0\\ 0, & T_{ij}=0\end{cases}$ 表示。$B_{ij}=1$ 表示用户 u_i 与 u_j 之间具有隐性信任关系，$B_{ij}=0$ 表示用户 u_i 与 u_j 之间无隐性信任关系。

第二步：目标用户 u_i 信任的用户 u_j 向其所选物品按权重 $w_{j\beta}=r_{j\beta}R^{-1}(u_j)$ 分配资源，则任一物品 o_β 从信任网中获得的资源量

$$
\begin{aligned}
f_\beta^{\text{trust}} &= \sum_{j=1}^{m} f_j^{\text{trust}} \times w_{j\beta} \times f_{j\beta} \\
&= \left[\sqrt{\mathrm{Out}(u_i)\mathrm{In}(u_i)}\right]^{-1} \sum_{j=1}^{m} b_{ij} r_{j\beta} f_{j\beta} R^{-1}(u_j) \sqrt{\sum_{l=1}^{m} b_{il} b_{jl} b_{li} b_{lj}}
\end{aligned}
\tag{10-10}
$$

式中：

$r_{j\beta}$——用户 u_j 对物品 o_β 的评分；

$f_{j\beta}$——用户 u_j 所选物品 o_β 分配的初始资源，选择为 1，否则为 0。

具有信任网络的物质扩散的算法如下。

输入：用户-物品选择关系 E、信任矩阵 $\boldsymbol{B}$、物品评分矩阵 $\boldsymbol{R}$、目标用户 u_i；

输出：物品 $O=\{O_1, O_2, \cdots, O_n\}$ 的资源量 $\{f_1^{\text{trust}}, f_2^{\text{trust}}, \cdots, f_n^{\text{trust}}\}$；

1. for $\beta\geqslant 1$ && $\beta\leqslant n$；

2. 根据式(10－5)和式(10－8)分别计算用户 u_j 与目标用户 u_i 之间的显性信任度 T_{ij}^{sim} 和隐性信任度 T_{ij}；

3. 根据式(10－9)计算与用户 u_i 具有信任关系的用户 u_j 从 u_i 获得的资源量 f_j^{trust}，$j=1, 2, \cdots, m$ 且 $j\neq i$；

4. 根据式(10－10)计算物品 o_β 最终获得的资源量 f_β^{trust}。

end

10.5 双翼物质扩散模型

10.5.1 模型构建

在推荐系统中，综合考虑物品口碑及信任关系，物品 o_β 获得的资源分为两部分，一部分是具有评分敏感性的物质扩散，另一部分基于信任网络获得，由此提出了一种结合口碑影响和信任关系的双翼物质扩散模型(DWMD)，如图 10－3 所示，右边虚框部分为从物品选择关系中获得的资源，左边虚框部分为从信任关系中获得的资源，双翼模型通过信任关系将两者融合。任一物品 o_β 最终获得的资源

$$
f_\beta = (1-\lambda) f_\beta^{r} + \lambda f_\beta^{\text{trust}} \tag{10-11}
$$

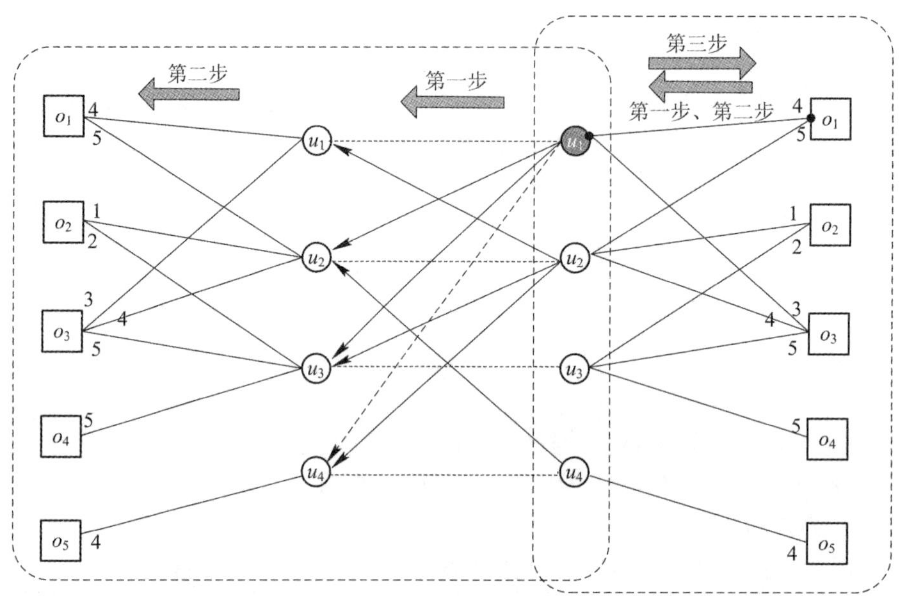

图 10-3 双翼物质扩散模型

10.5.2 评估指标

下面主要从分类准确性、多样性和新颖性三方面衡量推荐算法的性能。引入精确率 $P(L)$、召回率 $R(L)$、F1 指标 $F_1(L)$ 和平均排序得分 RS 作为准确性的衡量指标。多样性和新颖性分别采用汉明距离 $H(L)$ 和新颖性 $N(L)$ 来度量，计算公式分别见 5.3.7 节中的式(5-8)和 5.3.6 节中的式(5-7)。其中，平均排序得分 RS 与推荐列表长度 L 无关，其余指标均与推荐列表长度 L 有关。精确率、召回率、F1 和汉明距离值越大，算法性能越佳，而平均排名得分和新颖性数值越低，则算法性能越佳。

1. 分类准确性

当推荐系统需给目标用户推荐可能感兴趣的物品时，需衡量推荐系统帮助用户找到感兴趣物品的能力，这时需采用分类准确性指标进行评价。分类准确性指标适用于推荐结果是一个 top-N 推荐列表的场合，评估推荐列表中的项目是否都是用户喜欢的，是否有不符合用户偏好的项目在推荐列表中。

(1) 精确率 $P(L)$。

精确率[18]是衡量推荐质量的一种指标，是推荐结果的命中率。它表示推荐序列中预测正确的物品数占推荐物品总数的比例。对于用户 u_i，推荐精确率计算见式(10-12)，整个系统的精确率为所有用户精确率的平均值，见式(10-13)。

$$\text{precision}_{u_i} = d_i(L)L^{-1} \tag{10-12}$$

$$P(L) = |M|^{-1}\sum_{u_i \in M} d_i(L)L^{-1} \tag{10-13}$$

式中：

M——用户集；

$d_i(L)$——向用户 u_i 推荐 L 个物品时，用户 u_i 的推荐列表中预测正确的物品个数，即 $d_i(L)=|\text{test}\cap \text{top\_}N|$，出现在测试集中的推荐序列物品被认为是预测正确的物品。

(2) 召回率 $R(L)$。

召回率[16]是关于推荐结果覆盖面的测量指标，表示预测正确的物品出现在推荐序列中的概率。对于用户 u_i，推荐召回率为推荐序列中正确推荐的物品数量 $d_i(L)$ 占全部测试集备选物品总数的比例，其计算见式(10－14)。整个系统的召回率为所有用户召回率的平均值，其计算见式(10－15)。

$$\text{Recall}_{u_i} = d_i(L)\ |T|^{-1} \tag{10-14}$$

$$R(L) = |M|^{-1}\sum_{u_i \in M} d_i(L)\ |T|^{-1} \tag{10-15}$$

式中：

T——测试集。

(3) F1 指标 $F_1(L)$。

由于精确率随推荐列表长度的增长而降低，召回率随推荐列表长度的增长而增长，因此选用 $F_1(L)$指标来衡量推荐算法准确度，$F_1(L)$是精确率和召回率的加权平均[19]。

$$F_1(L) = 2\times P(L)\times R(L)\ [P(L)+R(L)]^{-1} \tag{10-16}$$

(4) 平均排序得分 RS。

平均排序得分是一种计算预测正确的物品在推荐列表中排名位置的方法[1]。RS 越小，算法的推荐准确性越好，其计算式为

$$\text{RS} = |T|^{-1}\sum_{(i,\ \alpha)\in T} \text{rank}_{i\alpha} N_i^{-1} \tag{10-17}$$

式中：

$\text{rank}_{i\alpha}$—— 物品 o_α 在用户 u_i 推荐序列中的位置；

N_i—— 测试集 T 中未被用户 u_i 选择过的物品数。

2. 多样性

随着人们对推荐系统的认识逐步深入，人们对推荐系统的评价不再局限于评分准确度或排序准确度，根据用户的实际使用情况，准确度已不能满足用户多样化的需求，用户需要关于系统多样性和新颖性方面的评价。因此采用外部多样性 $H(L)$和内部多样性 $I(L)$来衡量推荐列表物品的多样性。详细内容及公式见 5.3.7 节。

3. 新颖性

新颖性衡量的是推荐列表中物品的不流行度，越不流行的物品越有可能让用户感觉到新颖性[14]。采用平均流行度 $N(L)$评测推荐物品的新颖性。详细内容及公式见 5.3.6 节。

10.5.3 实验及分析

1. 数据集

为了评估所提推荐模型的性能，选用 Tang 等[20]提供的 Epinions 和 Ciao 两个数据集进行实验。Epinions 和 Ciao 数据集均包含用户之间的信任关系(Links)和用户对物品的评分。两个数据集中用户对物品的评分采用 1～5 分制，表示用户对所需物品的认可程度从低到高。两个数据集的详细信息如表 10－1 所示。

表 10－1 Epinions 和 Ciao 数据集的详细信息

信息类别	数据集	
	Epinions	Ciao
用户数量	22 166	12 375
物品数量	296 277	106 797
分类数目	27	28
评论条目	922 267	484 086
信任关系数目	355 813	237 350
信任网络密度	0.0014	0.0031

采用五重交叉验证法，取 5 次实验的平均结果作为最终结果。每次实验将数据随机分为两部分，90％的数据作为训练数据集(Training Set)，其余 10％作为测试数据集(Test Set)。

2. 算法性能分析

为了验证 DWMD 模型的有效性和优越性，在 Epinions 与 Ciao 两个数据集上分别与基于项目的协同过滤推荐模型(Item-based CF)、物质扩散模型(MD)[1]、CosRA＋T 模型和基于信任的物质扩散模型(TrustMD)[21]4 种基准算法进行比较。在 Item-based CF 模型中，向目标用户推荐与其选择过的物品相似的物品，采用余弦相似度计算物品相似度。MD 模型基于二分网络结构进行资源分配，为目标用户推荐最流行的物品。CosRA＋T 模型将信任关系引入到 CosRA 方法中，使余弦相似度和 RA 索引的优点与信任关系相结合。TrustMD 模型是将具有显性信任关系的用户以选取物品的相似度作为物质扩散的权重，没有挖掘隐性信任关系以及网络结构对推荐结果的影响，它以信任度作为权重进行资源分配，但其信任度的计算依旧依赖物品的选择关系，并未充分利用额外的信任信息构建信任度的衡量方法。

各种算法的评估指标结果比较如表 10－2 所示。此处将推荐列表长度设为 10，即 $L=10$。表中两个数据集中不同评估指标的最佳值用粗体表示。结果表明，本章所提的 DWMD 方法在两个数据集上的所有指标均取得最佳值。

表 10－2　Epinions 和 Ciao 数据集中各种推荐算法的评估指标结果比较

算法	Epinions 数据集					
	RS	$P(L)$	$R(L)$	$F_1(L)$	$H(L)$	$N(L)$
Item-based CF	0.231	0.0260	0.0117	0.0081	0.609	243
MD	0.187	0.0264	0.0159	0.0198	0.687	213
CosRA+T	0.179	0.0281	0.0192	0.0228	0.704	101
TrustMD	0.176	0.0270	0.0259	0.0264	0.712	187
DWMD	**0.162**	**0.0289**	**0.0271**	**0.0280**	**0.831**	**87**
算法	Ciao 数据集					
	RS	$P(L)$	$R(L)$	$F_1(L)$	$H(L)$	$N(L)$
Item-based CF	0.206	0.0211	0.0561	0.0307	0.593	271
MD	0.144	0.0269	0.0623	0.0376	0.614	180
CosRA+T	0.123	0.0278	0.0620	0.0384	0.721	92
TrustMD	0.126	0.0271	0.0650	0.0383	0.697	148
DWMD	**0.101**	**0.0299**	**0.0836**	**0.0440**	**0.790**	**70**

评估算法的精确度时，选用 $F1$ 指标来衡量算法的综合性能。在两个数据集中 DWMD 算法的指标 $F1$ 最高，且指标 RS 最小，表明 DWMD 算法在两个数据集中的准确性最佳。Item-based CF 算法中指标 $P(L)$ 和指标 $R(L)$ 均获得较低值，准确性最差。选用汉明距离 $H(L)$ 衡量算法的多样性，选用 $N(L)$ 衡量新颖性，由表 10－2 中的数据可知，DWMD 模型在 Epinions 与 Ciao 两个数据集中的 $H(L)$ 值比 TrustMD 算法分别提高 11.9%、9.3%，比 CosRA+T 算法分别提高 12.9%、6.9%，比 MD 模型分别提高 14.4.0%、17.6%，比 Item-based CF 模型分别提高 22.2%、19.7%，由此可见，DWMD 模型的多样性优于以上 4 种基准方法。DWMD 模型的新颖性指标 $N(L)$ 值最优，CosRA+T 次之，TrustMD 略优于 MD，但远大于 DWMD，由于 Item-based CF 主要依据物品间的相似性进行推荐，导致 Item-based CF 的新颖性最差。通过对推荐结果的精确度、多样性和新颖性的比较，可以看出 DWMD 算法的精确性、多样性和新颖性指标均优于基准方法。这表明信任信息的引入

有助于提升推荐的精确性、多样性和新颖性。

3. 推荐列表长度的影响

为了进一步验证本章所提算法的有效性和优越性，在不同的推荐长度下对算法性能进行评估，主要考察推荐长度 L 对准确性指标 $F_1(L)$、多样性指标 $H(L)$ 和新颖性指标 $N(L)$ 的影响。考虑推荐商品的可挑选性和多样性，将推荐序列长度 L 范围设为 5～50，变化步长为 5。图 10-4 所示为在 Epinions 和 Ciao 数据集中不同算法的 $F_1(L)$ 随推荐列表长度 L 变化的趋势。由图 10-4 可知，在 Epinions 数据集中，指标 $F_1(L)$ 先增大后减小，因此，$F_1(L)$ 最优值对应的推荐列表长度是 $L=10$；在 Ciao 数据集中，$F_1(L)$ 表现出逐渐递减的现象，因此，$F_1(L)$ 最佳值对应的推荐列表长度 $L=5$。在两个数据集上，无论 L 如何变化，DWMD 算法的指标 $F_1(L)$ 均为最优，可见无论推荐序列的长度如何，DWMD 模型的准确性均优于其他基准方法。

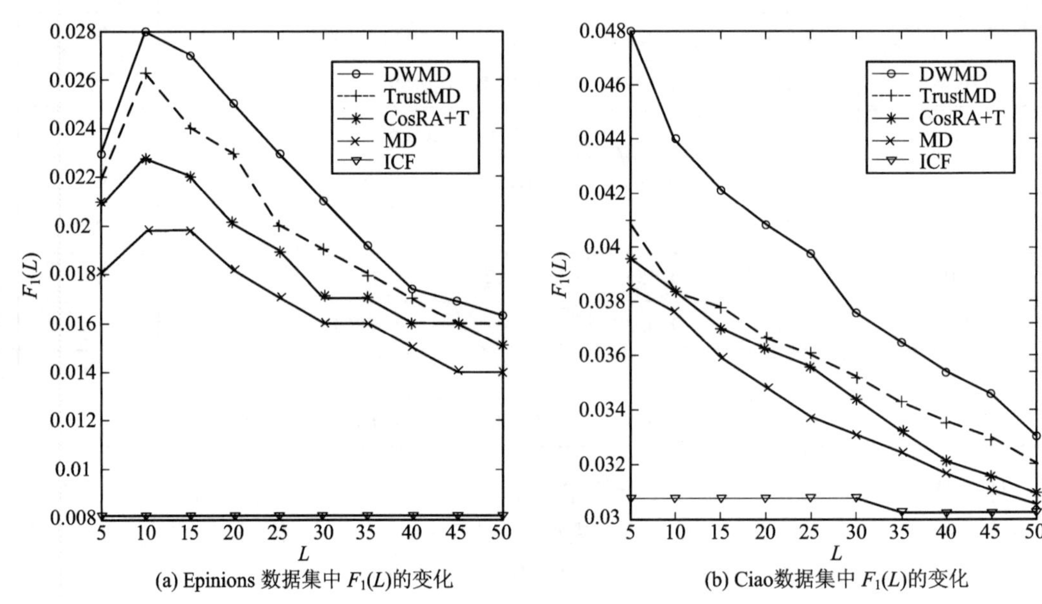

(a) Epinions 数据集中 $F_1(L)$ 的变化　　(b) Ciao数据集中 $F_1(L)$ 的变化

图 10-4　准确性指标 $F_1(L)$ 随推荐列表长度变化的趋势

图 10-5 所示为在 Epinions 和 Ciao 数据集中不同算法的 $H(L)$ 和 $N(L)$ 指标随 L 变化的趋势。由图 10-5 可知，在多样性评估中，指标 $H(L)$ 在两个数据集上随着 L 的增加均出现稍微降低的现象，说明多样性随推荐列表长度的增长而减小。与其他 4 种方法相比，无论 L 如何变化，DWMD 模型的 $H(L)$ 始终最大，即 DWMD 模型的多样性优于基准方法。而不同算法的新颖性指标 $N(L)$ 随着 L 的增加均先快速下降，而在 $L=10$ 之后趋于平稳，DWMD 模型的 $N(L)$ 值明显低于其他 4 种算法，因此 DWMD 模型的新颖性也优于基准方

法。综上，与基准算法相比 DWMD 算法具有最佳的多样性和新颖性。

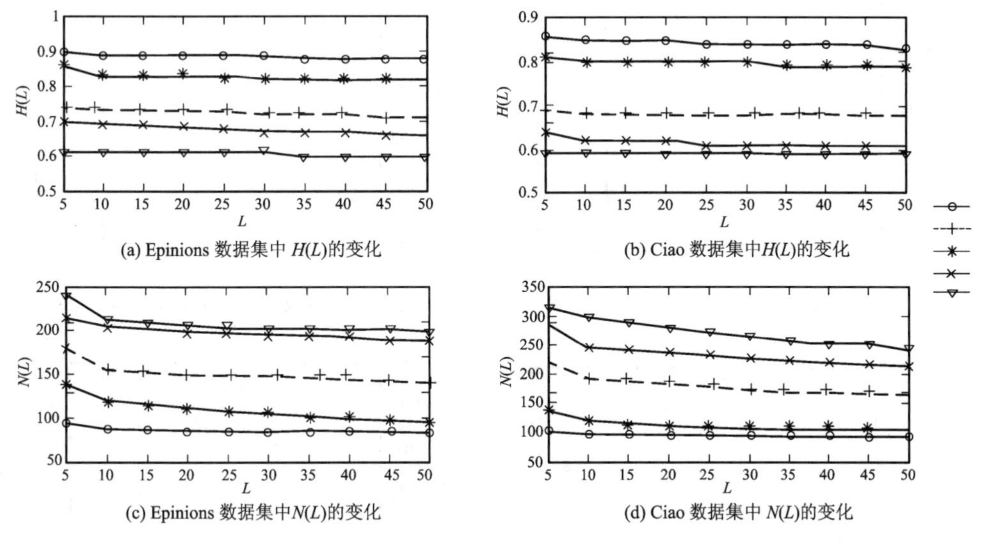

图 10－5 不同算法的 $H(L)$和 $N(L)$的变化趋势

4. 参数 λ 的影响

参数 λ 可调节来自“用户-物品”网络与信任网络的资源比例。图 10－6 所示为参数 λ 对推荐指标的影响。推荐效果的准确性、多样性和新颖性分别采用 $F_1(L)$、$H(L)$和 $N(L)$作为评估指标。从图 10－6 可以看出，推荐序列长度 $L=10$，参数 λ 取值范围为[0，1]，变化步长为 0.1 时，各个指标对应的参数变化。特别地，当 $\lambda=0$ 时，式(10－11)为基于口碑的物质扩散算法；当 $\lambda=1$ 时，式(10－11)则为基于信任网络的物质扩散算法。由图 10－6 可知，在 Epinions 和 Ciao 两个数据集中，随着 λ 的增大，$F_1(L)$和 $H(L)$均呈现出先增后减的趋势，而 $N(L)$的值随 λ 的增大呈现先降后增的趋势，额外信任信息的引入有助于提高推荐的准确性、多样性和新颖性，但是当信任关系本身具有的同质性累积到一定程度时，会对准确性、多样性和新颖性造成劣化影响。当仅通过信任关系或者用户与物品选择关系及其评价进行推荐时，准确度、多样性和新颖性并不佳；而两种方式结合推荐的推荐性能最佳。在 Epinions 数据集中 $F_1(L)$指标和 $H(L)$指标在 $\lambda=0.8$ 时达到最高，而在 $\lambda=0.4$ 时 $N(L)$指标最佳；在 Ciao 数据集中 $F_1(L)$指标和 $H(L)$指标在 $\lambda=0.7$ 时达到最高，而在 $\lambda=0.3$ 时$N(L)$指标最佳。因此，用户可根据所需推荐效果性能来调节 λ 的取值，使得推荐效果的性能达到最佳。

图 10－6 中，水平轴为参数 λ，λ 的取值范围为 0～1。垂直的虚线表示当准确度指标、多样性指标和新颖性指标分别达到最大值时参数 λ 的最优值。推荐列表的长度设置为 $L=10$。

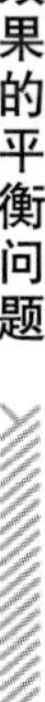

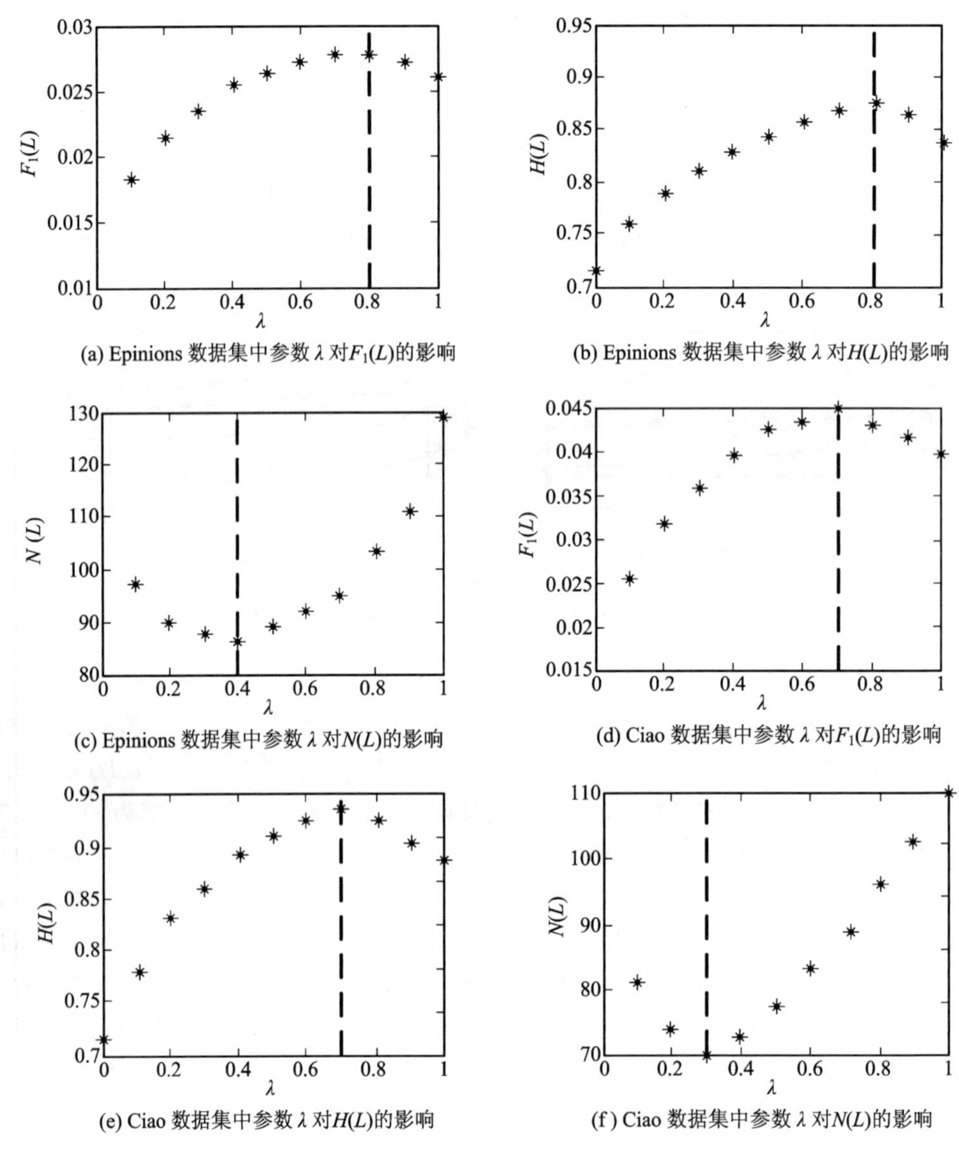

(a) Epinions 数据集中参数 λ 对$F_1(L)$的影响

(b) Epinions 数据集中参数 λ 对$H(L)$的影响

(c) Epinions 数据集中参数 λ 对$N(L)$的影响

(d) Ciao 数据集中参数 λ 对$F_1(L)$的影响

(e) Ciao 数据集中参数 λ 对$H(L)$的影响

(f) Ciao 数据集中参数 λ 对$N(L)$的影响

图 10－6　参数 λ 对不同推荐指标的影响

为了研究推荐列表长度 L 对参数 λ 的影响，下面考察准确性指标 $F_1(L)$和多样性指标 $H(L)$在5 种推荐列表长度 L 下的变化，以指标最高点对应的参数 λ 的平均值作为参数 λ 的最优值。图 10－7 所示为在 Epinions 数据集中参数 λ 对 $F_1(L)$和 $H(L)$的影响。不同的 L 值对应的 $F_1(L)$在 $\lambda=0.76$ 时达到最高点，同时 $H(L)$在 $\lambda=0.74$ 时达到最佳值。本实验分别选择了 5 种推荐列表长度，可以观察出推荐列表的长度 L 对参数 λ 的影响不大。参数最优值的存在表明信任关系可以增强推荐性能但过分依赖则会导致相反结果。

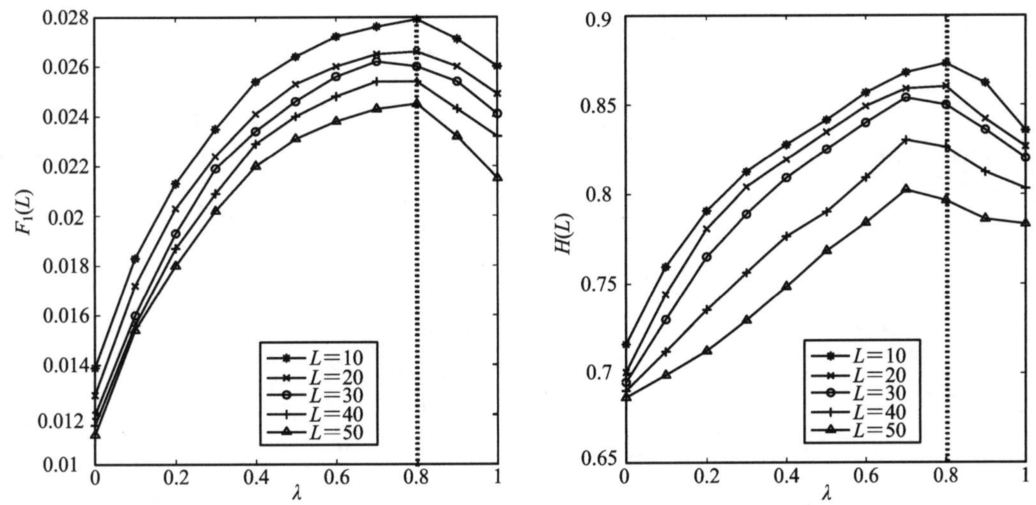

图 10－7　Epinions 数据集中参数 λ 对 $F_1(L)$和 $H(L)$的影响

在 Epinions 数据集中以推荐结果的准确性和多样性作为评估指标，分别采用 $F_1(L)$和 $H(L)$表征，垂直的虚线表示准确性和多样性达到最佳值时参数 λ 对应的值。

5. 小度用户推荐性能分析

在 Epinions 数据集中，6％的用户选择商品的数量小于 10，而商品数量选择为 11～30 的用户占用户总量的 65％，选择商品的数量在 100 以内的用户占用户总量的 96％；在 Ciao 数据集中，选择商品的数量为 11～30 的用户占用户总量的 72％。统计数据说明将这两个数据集作为小度用户推荐性能分析的研究数据是合理的。以小度用户作为目标用户进行推荐，由于可用信息较少，因此推荐准确度较低。因此，考察小度用户的推荐性能可进一步体现算法的优劣。

本研究将物品选择数量小于 30($k_i \leqslant 30$)的用户作为小度用户。图 10－8 所示为精确度 $P(L)$随物品选择数量的变化情况(其中 λ 取最优值，k_i 的取值范围是 5～30，步长为 5)。由图 10－8 可知，在 Epinions 和 Ciao 两个数据集中，无论 k_i 在其取值范围内如何变化，本章所提的 DWMD 模型的推荐精确度均高于 MD 模型和 TrustMD 模型，并且呈现出用户的出度越小推荐精确度提高幅度越大的优势。

为了进一步说明 DWMD 模型在提高小度用户推荐精确度方面的优势，在 Epinions 和 Ciao 两个数据集的完整网络结构上运行 DWMD 算法，但只计算小度用户 $k_i \leqslant 30$ 的 $P(L)$ 值。不同推荐算法的小度用户($k_i \leqslant 30$)的推荐精确度比较如表 10－3 所示。由表 10－3 可

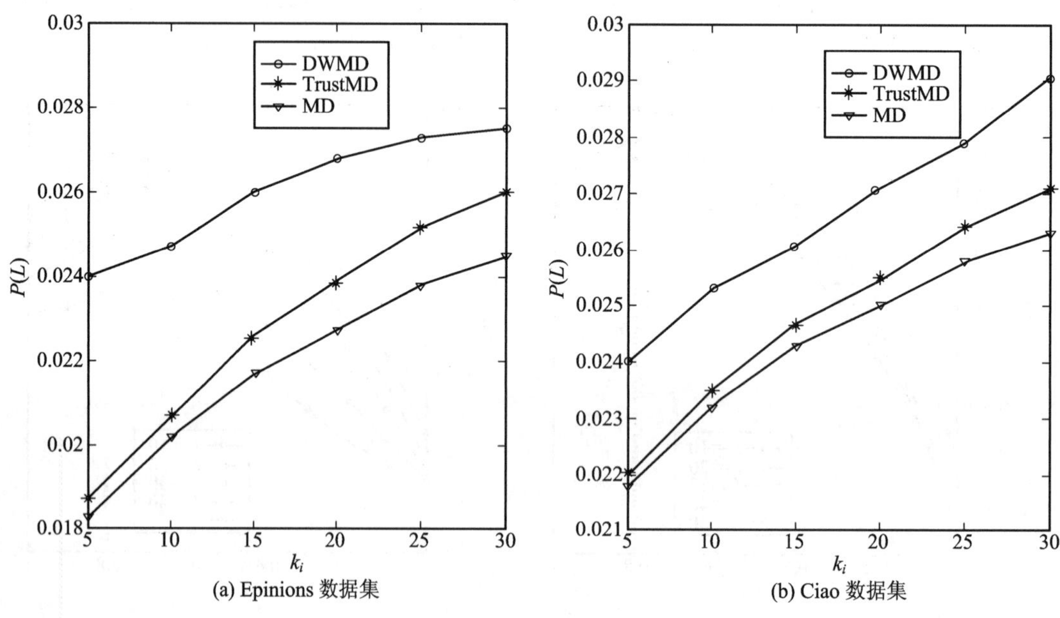

图 10－8　物品选择数量对精确度的影响

知，TrustMD 算法在 Epinions 和 Ciao 两个数据集中基本退化为 MD 算法，表明以小度用户为目标用户进行推荐，TrustMD 算法与 MD 算法相比基本没有优势。这是由于 TrustMD 算法将信任权重作为信任网络的资源分配原则，信任权重的计算依据为用户与物品的选择关系和选择数量，对信任信息的利用不充分。当主要针对小度用户时，信任网络并不能发挥优势。而 DWMD 算法的资源分配权重根据信任关系结构进行计算，与物品选择关系无关。因此，小度用户作为目标用户时可充分利用信任关系提高推荐精确度。

表 10－3　不同推荐算法的小度用户($k_i \leqslant 30$)推荐精确度比较

数据集	精确度 $P(L)$		
	MD	TrustMD	DWMD
Epinions	0.0219	0.0228	0.0261
Ciao	0.0244	0.0249	0.0266

DWMD 算法的推荐精确度较 TrustMD 算法提高了 0.33%，较 MD 算法提高了 0.42%，对于推荐算法中仅选择少量商品作为目标用户的广义冷启动问题，DWMD 算法通过融合社交网络可以得到较大程度的缓解。

6. 隐式信任关系的影响

信任网络是由显性信任关系构成的，通过显性信任关系挖掘隐性信任关系可有效降低数据的稀疏性，为了探究隐性信任关系的加入对推荐系统的影响，利用3种不同的算法进行实验对比。本研究提出的模型根据显性信任关系挖掘隐式信任关系，基于扩展信任关系进行推荐，并充分考虑用户评价对推荐效果的影响。当 $T_{ij}=0$ 时，只考虑显性信任关系，DWMD退化为STMD，即基于显性信任关系的物质扩散并考虑评价的影响。在Epinions和Ciao数据集中将DWMD与STMD、MD进行比较，推荐列表取最佳值(Epinions数据集中 $L=10$，Ciao数据集中 $L=5$)，结果见表10-4。

表10-4 不同推荐算法在Epinions和Ciao数据集中的性能比较

算法	Epinions数据集			Ciao数据集		
	$F_1(L)$	$H(L)$	$N(L)$	$F_1(L)$	$H(L)$	$N(L)$
DWMD	**0.0279**	**0.831**	**87**	**0.0440**	**0.796**	**70**
STMD	0.0210	0.801	134	0.0391	0.763	94
MD	0.0198	0.687	213	0.0376	0.614	180

由表10-4可知，在Epinions和Ciao数据集中，DWMD模型的 $F_1(L)$、$H(L)$、$N(L)$ 3个指标均优于STMD，说明隐式信任关系有助于提高推荐的准确性、多样性和新颖性。而STMD又明显优于MD，说明信任关系和评论信息有助于提高物质扩散算法的准确性、多样性及新颖性。

本章小结

本章研究了将信任关系和用户评价引入扩散过程对推荐性能的改善作用，所提的DWMD算法将资源分为两部分，分别在由信任关系组成的"用户-用户-物品"三分图和由用户物品选择关系组成的"用户-物品"二部图上进行扩散，扩散过程中分别采用了基于信任强度和基于用户评价的分配原则，弱化了流行推荐问题。DWMD模型用参数 λ 来调节两部分资源分配的比例，即资源分配给"用户-物品"二部图与"用户-用户-物品"三分图的比例。参数 λ 最优值的存在表明信任关系可以增强推荐性能，但过分依赖则会导致相反结果。Epinions和Ciao两个真实数据集中的实验表明，与基准方法相比，DWMD模型在确保准确性的同时具有更高的多样性和新颖性。特别针对小度用户进行推荐性能测试，发现所提模型对隐性信任关系的挖掘有效扩展了可用数据信息，对小度用户的推荐性能有积极作用，有效缓解了因选择少量商品的用户推荐算法的广义冷启动问题。该研究在提高模型推荐性能方面提供了一个新的思路，可以将传统的用户评价和信任关系与物质扩散进行有机结合，从一个新的角度提出在异构网络上利用社交网络进行推荐，并验证了隐性信任关系对推荐性能的积极作用。

本章参考文献

[1] ZHOU T, REN J, MEDO M, et al. Bipartite network projection and personal recommendation[J]. Physical review E, 2007, 76(4): 046115.

[2] RICCI F, ROKACH L, SHAPIRA B. Recommender systems: Introduction and challenges[M]. Boston, MA: Springer, 2015: 1-34.

[3] CENTOLA D. The spread of behavior in an online social network experiment[J]. Science, 2010, 329(5996): 1194-1197.

[4] GAO J, ZHOU T, HU Y. Bootstrap percolation on spatial networks[J]. Scientific reports, 2015, 5(1): 1-10.

[5] WANG Q, GAO J, ZHOU T, et al. Critical size of ego communication networks [J]. EPL (Europhysics letters), 2016, 114(5): 58004.

[6] QIU T, WAN C, WANG X F, et al. User interest dynamics on personalized recommendation[J]. Physica A: Statistical mechanics and its applications, 2019, 525: 965-977.

[7] ZHANG Y C, BLATTNER M, YU Y K. Heat conduction process on community networks as a recommendation model [J]. Physical review letters, 2007, 99 (15): 154301.

[8] ZHOU T, KUSCSIK Z, LIU J G, et al. Solving the apparent diversity-accuracy dilemma of recommender systems [J]. Proceedings of the national academy of sciences, 2010, 107(10): 4511-4515.

[9] LIU J G, ZHOU T, GUO Q. Information filtering via biased heat conduction[J]. Physical review E, 2011, 84(3): 037101.

[10] NIE D C, AN Y H, DONG Q, et al. Information filtering via balanced diffusion on bipartite networks[J]. Physica A: Statistical mechanics and its applications, 2015, 421: 44-53.

[11] LÜ L, LIU W. Information filtering via preferential diffusion[J]. Physical review E, 2011, 83(6): 066119.

[12] REN X, LÜ L, LIU R, et al. Avoiding congestion in recommender systems[J]. New journal of physics, 2014, 16(6): 063057.

[13] ZHOU T, SU R Q, LIU R R, et al. Accurate and diverse recommendations

viaeliminating redundant correlations [J]. New journal of physics, 2009, 11(12): 123008.

[14] WANG X, LIU Y, ZHANG G, et al. Diffusion-based recommendation with trust relations on tripartite graphs [J]. Journal of statistical mechanics: theory and experiment, 2017, 2017(8): 083405.

[15] CHEN L J, GAO L, YANG H. Information filtering ia trust relationships diffusion process [C]//2016 13th International Computer Conference on Wavelet Active Media Technology and Information Processing (ICCWAMTIP). IEEE, 2016: 76-81.

[16] CHEN L J, ZHANG Z K, LIU J H, et al. A vertex similarity index for better personalized recommendation [J]. Physica A: statistical mechanics and its applications, 2017, 466: 607-615.

[17] CHEN L J, GAO J. A trust-based recommendation method using network diffusion processes[J]. Physica A: statistical mechanics and its applications, 2018, 506: 679-691.

[18] LÜ L, MEDO M, YEUNG C H, et al. Recommender systems [J]. Physics reports, 2012, 519(1): 1-49.

[19] LUO L, XIE H, RAO Y, et al. Personalized recommendation by matrix co-factorization with tags and time information[J]. Expert systems with applications, 2019, 119: 311-321.

[20] TANG J, GAO H, LIU H, et al. eTrust: Understanding trust evolution in an online world[C]//Proceedings of the 18th ACM SIGKDD International Conference on Knowledge Discovery and Data Mining. ACM, 2012: 253-261.

[21] LIU Y, HAN L, GOU Z, et al. Personalized recommendation via trust-based diffusion[J]. IEEE access, 2019, 7: 94195-9420.

第 11 章　推荐系统的未来发展

随着信息技术、网络技术及物联网技术的蓬勃兴起，信息的创造与流通达到了前所未有的速度与广度。ChatGPT 的爆火更是标志着大模型技术引领的新一轮科技浪潮，极大地降低了内容生成(涵盖文字、图像、视频、音频等多种形式)的门槛，促使信息总量呈爆炸性增长。在这一背景下，如何从海量信息中高效地筛选出对自己有价值的信息，已成为每位网民面临的重大挑战。推荐系统作为信息筛选与个性化的关键工具，其重要性日益凸显，它成为连接用户与信息的重要桥梁。

自 2012 年起，以今日头条为代表的国内推荐系统开始崭露头角，至今已有 12 年。这 10 多年里，推荐系统不仅在商业价值上得到了充分验证，而且在内容精准推送、用户体验优化及商业变现模式上展现出巨大潜力，成为面向消费者(to C)互联网产品的标配功能。即便在面向企业(to B)的领域，其最终落脚点也往往在于提升面向 C 端用户的服务质量。因此，推荐系统的持续发展与优化是应对信息过载与用户需求多样性的必然选择。

11.1　政策与技术双轮驱动下的推荐系统行业变革

展望未来，推荐系统的发展将受到多方面因素的深刻影响，包括政策导向、技术进步、就业市场动态、应用场景拓展、算法与架构的演进，以及人与系统间更高效的互动模式等。具体而言，政策的支持与规范将为推荐系统行业提供健康的发展环境；技术的不断突破将推动算法更加智能、高效，工程架构更加灵活、可扩展；就业市场对推荐系统专业人才的需求将持续增长，促进教育与培训体系不断完善；应用场景方面，推荐系统将会深入更多垂直领域，满足多元化、个性化的信息需求。同时，随着人机交互技术的提升，推荐系统将更加注重用户体验，实现更加自然、流畅的互动方式。

此外，推荐系统还将进一步挖掘并展现其多个维度的价值，不限于提升信息获取效率，更会在促进文化交流、优化资源配置、辅助决策制定等方面发挥重要作用。

推荐系统行业的未来与政策和技术密切相关，在政策与技术的双重驱动下，推荐系统行业正迈向更加规范、高效、智能的未来。

11.1.1 政策引领——构建坚实的行业基石

近年来，大数据与人工智能技术日益成熟，其战略地位在国家层面得到了前所未有的重视。为了培养这一领域的专业人才，国家教育政策积极响应，自2016年起，国内高校纷纷开设大数据与人工智能相关专业，并设立硕士、博士点，至今已形成庞大的教育体系。据统计，截至2023年，全国已有超过715所高校开设大数据相关专业，492所高校获得人工智能学科建设资格。这一举措不仅为行业输送了源源不断的专业人才，也为推荐系统这一关键子领域的持续发展奠定了坚实的人才基础。

此外，国家还出台了一系列政策与法规，如《互联网信息服务算法推荐管理规定》，在法律层面对推荐算法进行了约束与规范，旨在促进市场的健康发展，提升产品的服务质量，并有效保护消费者权益。这一系列政策导向不仅增强了投资者与管理层对个性化推荐业务的信心，而且为推荐系统在更广泛的行业与场景中的应用提供了有力支持。

11.1.2 技术革新——驱动行业发展的核心动力

在技术层面，云计算作为近15年来最为热门的技术之一已经发展得相对成熟，并成为众多大型企业的盈利支柱。云计算基础设施的完善为推荐系统行业带来了全新的发展机遇。通过SaaS服务等面向企业行业应用，创业公司可以便捷地利用云平台提供的推荐系统模块，极大地降低技术门槛与成本投入。同时，专业的面向企业创业公司也在这一领域积极布局，提供从PaaS到SaaS的全方位推荐服务，以及推荐系统的私有化部署方案进一步丰富了市场选择。

2022年底，ChatGPT及大模型的兴起再次引发了科技界的革命性变革。内容生产的高效化与用户互动的便捷化为推荐系统带来了前所未有的挑战与机遇。大模型技术及其对话式交互方式正逐步渗透到推荐系统的各个环节，推动其向更加智能化、人性化的方向发展。这一技术革新不仅深刻影响了推荐系统的就业环境，也为整个行业的未来发展指明了新的方向。

11.2 推荐系统职业生态的转型与展望

尽管推荐系统领域以其广泛的就业范围和优渥的薪酬条件吸引着众多从业者，但面对科技发展与市场需求的双重变革，职业形态与工作重心正经历着深刻的转型。

11.2.1 新兴职业角色——推荐算法商业策略师的崛起

随着推荐系统云服务与定制化解决方案的日益成熟，企业尤其是初创企业及传统行业（如金融业、零售业）的数字化转型先锋，更倾向于直接采用这些高效便捷的服务，而非自行构建复杂的算法体系。这一趋势催生了推荐算法商业策略师这一新兴职业，推荐算法商业策略师不再局限于算法的深度实施与工程优化，而是聚焦于如何将推荐技术与企业特定的业务场景深度融合，实现商业价值最大化。这类人才需具备全局视野、商业敏锐度及卓越的沟通能力，需精准把握推荐算法在不同场景下的应用潜力，从而推动企业实现智能化转型与业务增长。

11.2.2 新兴领域与场景下的推荐形态创新

随着智能硬件、5G通信及语音交互技术的飞速发展，推荐系统的应用边界不断拓宽，新兴领域与场景下的推荐需求日益旺盛。这不仅为云计算与面向企业的服务提供商开辟了新的市场，也为推荐算法专家提供了施展才华的舞台，他们需紧跟技术潮流，探索如何在不同业务场景下构建高效、精准的推荐系统，满足用户多元化、个性化的需求。这一过程中，对推荐算法与工程技术的深入理解与创新应用将成为关键竞争力。

11.2.3 强化业务价值导向，推动推荐系统商业化进程

在当前互联网竞争日趋激烈、红利逐渐消退的背景下，企业对于商业变现的需求日益凸显。推荐系统作为提升用户体验、促进业务增长的重要工具，其商业价值的体现与量化成为从业者关注的焦点。为此，推荐系统从业者需增强产品思维与商业意识，学会如何有效评估推荐系统的业务贡献，通过数据分析与价值量化手段，构建推荐系统的价值产出闭环体系。只有让推荐系统的价值可见、可感、可衡量，才能赢得决策者的支持与认可，从而推动推荐业务在企业内部的深入落地与持续发展。

综上所述，推荐系统行业的就业环境正在经历从技术导向向业务与价值导向的深刻转变。在这一过程中，推荐算法商业策略师等新职业角色的崛起、新兴领域与场景下的推荐形态创新以及强化业务价值导向的商业化实践将成为推动行业发展的重要力量。

11.3 推荐系统的应用场景

在数字化浪潮的推动下，推荐系统不再局限于手机和电脑，而是面向更加广阔的生活空间。从家庭到出行，到虚拟与现实交融的世界，以及传统行业的深度转型，推荐系统正以一种前所未有的方式融入我们生活的每个角落。

11.3.1 家庭生活的智能伴侣

想象一下，当你坐在沙发上，手中的遥控器轻轻一按，智能电视就能为你推送你最爱的电影；或者，只需简单一句语音指令，智能音箱就能播放你最想听的歌单。这背后都是推荐系统在默默工作，让家庭娱乐更加贴心、更加个性化。

自2015年乐视引领智能电视的风潮以来，智能电视市场迅速崛起，吸引了包括小米、暴风影音、华为、传统电视巨头及国外品牌纷纷进入中国市场。在智能电视的交互体验上，虽然目前遥控器仍是主流操作方式，但语音交互已快速发展，当然目前其交互能力有限，但语音交互已展现出较好的用户接受度。遥控交互的不便性反而突显了个性化推荐系统的重要性。以电视猫为例，早在2012年它便着手构建个性化推荐系统，显著提升了用户体验并创造了可观的商业价值。爱奇艺、腾讯、优酷等视频平台纷纷在智能电视领域布局智能推荐服务，广电体系内的企业同样对视频推荐业务展现出浓厚兴趣，部分已涉足智能推荐领域。

智能电视与智能盒子的推荐系统构建，相较于移动端，面临着独特的挑战与机遇。由于使用场景多为家庭环境，涉及多人共享，且交互与展示方式受限，如何优化用户体验、实现精准推荐成为亟待解决的问题。这就要求开发者不断探索新的交互方式，并深入研究如何在多人场景下提供个性化服务。

与此同时，智能音箱作为家庭智能化的另一重要组成，其市场增长势头迅猛，已成为仅次于智能电视的热门产品。智能音箱以语音交互为主，支持触控，为个性化推荐提供了新的舞台。随着应用种类的不断丰富，如何在智能音箱上有效整合推荐系统的精准推荐与信息分发能力，成为一个值得深入研究的课题。

此外，特定场景下的机器人如学习型机器人、家庭护理型机器人等，也展现出与推荐系统结合的巨大潜力。通过语音、手势等自然交互方式，这些机器人能够为用户提供更加贴心和个性化的服务。随着ChatGPT及大模型技术的快速发展，智能音箱与智能机器人正变得更加智能与高效，为推荐系统的应用开辟了更广阔的空间。

在家庭物联网领域中，推荐系统同样大有可为。以智能冰箱为例，其内置的智能电子屏不仅能够记录食物的消耗情况，还能基于这些数据为用户提供食品补充的个性化推荐，甚至实现一键下单。这一领域的发展前景令人期待，为推荐系统的创新应用提供了无限可能。

11.3.2 驾车途中的贴心助手

车载场景是现代生活中不可或缺的一部分，它的用户群体庞大且特性鲜明。由于驾驶者的注意力需集中在驾驶上，因此当前的车载智能设备大多采用语音交互方式，如播放音乐、播报新闻等，这使得车载应用的功能相对集中于信息娱乐层面。因此，车载推荐系统主要围绕音乐、新闻等信息流内容展开推荐，确保驾驶者能在不分散过多注意力的前提下享受个性化服务。

随着自动驾驶技术的日益成熟，汽车将从代步工具转变为一个移动的私人空间。在这个全新的场景中，人们可以大胆想象并探索各种前所未有的应用和服务。想象一下，若汽车能够自主行驶，驾驶者就能从驾驶任务中解放出来，享受更加自由和丰富的车内时光。

这时，基于车辆所在的地理位置以及用户的个人偏好，车载系统可以更加精准地推送个性化信息和服务。

除了传统的音乐、新闻、视频推荐外，车载系统还能根据车辆即将经过的地点，智能推荐周边的餐饮、购物、娱乐等线下消费信息，让驾驶者的每一次出行都充满惊喜和便利。这种基于场景和产品的个性化信息分发与物品推荐将极大地丰富车载的智能化体验，让汽车真正成为连接线上与线下、现实与虚拟的桥梁。因此，对于车载智能技术的开发者而言，如何在自动驾驶时代充分挖掘和利用这一潜力巨大的市场，将是一个充满挑战与机遇的课题。

11.3.3 虚拟世界的全新探索

随着科技的飞速进步，虚拟现实(Virtual Reality，VR)、增强现实(Augmented Reality，AR)以及混合现实(Mixed Reality，MR)等前沿技术为人们打开了一个全新的世界，让感知与交互的方式变得前所未有的多样和便捷。这些技术使人可以通过语音指令、轻轻一挥的手势、触控屏幕，甚至是头部的自然转动和视线的微妙移动，来与世界进行互动。虽然目前这些技术还处于研发初期，还不够成熟，但它们蕴含的潜力会使未来的智能推荐系统发生巨大变革。

当混合现实(MR)技术逐渐走向成熟，它将彻底改变人们获取信息的方式。想象一下，人们在漫步街头的同时，不仅能即时接收到个性化推送的资讯，还能让这些信息与周围的物理环境无缝融合，创造出一种前所未有的沉浸式体验。在这种情境下，推荐系统将不再是冷冰冰的数据推送，而能够根据用户的实时需求、情绪乃至环境量身定制出既贴心又富有创意的推荐内容。

2023 年 6 月，苹果公司发布的 Vision Pro 是混合现实技术领域的一次巨大突破。Vision Pro 不仅集成了多种先进的交互技术，而且在工作、娱乐、教育等多个领域都展现出强大的应用潜力。Vision Pro 的问世标志着混合现实技术的一次重大飞跃，更为推荐系统的发展开辟了全新的天地。可以预见，随着 Vision Pro 及其同类产品的普及，与之相关的应用将会迅速繁荣起来，为推荐系统提供丰富的应用场景和无限的创意空间。

11.3.4 传统行业的数智化转型

除了新兴的智能设备场景，传统行业的数智化转型已是大势所趋。银行、证券、保险等金融机构通过推荐系统实现精细化运营，为用户提供更加个性化的金融服务。如银行业当前正致力于构建大财富管理系统，集成理财服务、生活便利、资讯推送、商品交易及 O2O 融合等多维度功能于移动应用平台上，展现了行业数字化转型的深入实践。在此框架下，实施精细化与个性化的运营策略成为提升用户体验质量、强化品牌市场渗透力以及促进业务成果转化的核心策略。另外，医药零售、能源、机械制造等传统行业也借助推荐系统提升线上运营效果，增强用户黏性。在这个过程中，推荐系统不仅是一个技术工具，还是企业实现转型升级、提升竞争力的重要推手。

11.4 推荐算法与工程架构的发展趋势

在推荐系统的技术体系中，推荐算法无疑是基石与核心驱动力。当前，工业界广泛采用的推荐算法体系主要包括基于内容的推荐与协同过滤策略。虽然这些传统方法在推荐领域占据很重要的地位，但机器学习、大数据科学、云计算技术及硬件设施的发展使得推荐算法中的学习范式有了新的变化。

11.4.1 推荐算法的新理论框架与技术前沿

近 10 余年来，深度学习技术迅猛进展，2012 年 AlexNet 的问世是标志性的里程碑，极大地推动了深度学习在推荐系统领域的广泛应用。深度学习以卓越的特征提取能力与自动化建模优势有效提升了推荐系统的预测精度，同时降低了对复杂人工特征工程的依赖，逐渐成为推荐算法领域的主流趋势。

聚焦于强化学习、迁移学习、半监督学习及联邦学习等关键学习范式，并探究它们在推荐算法优化与数据处理层面的潜在影响，不仅丰富了推荐系统的理论基础，也为实际应用中的挑战提供了创新性解决方案。

1. 强化学习在推荐系统中的深入探索

推荐系统本质上是一个动态适应的交互式学习系统，其核心在于根据用户对于推荐内容(浏览、点击、购买等行为)的即时反馈，持续优化推荐策略，以提供更加个性化的内容。这一互动过程促进了推荐系统对用户偏好的深入理解，随着互动频率与深度的增加，系统的推荐精准度亦逐步提升。

强化学习(Reinforcement Learning，RL)作为一种通过智能体与环境互动来学习最优策略的方法，正逐步渗透至推荐系统领域。在此框架下，可将推荐算法视为智能体，用户及其与产品的交互环境则构成智能体所面临的环境。通过智能体给出推荐结果、分析用户行为、查看用户反馈这 3 个步骤的不断循环，智能体(即推荐系统)能够学习并适应用户的动态偏好变化，进而优化推荐策略，实现推荐效果的持续提升。图 11-1 所示为强化学习的范式，这种基于强化学习的交互式优化机制为推荐算法的发展提供了新的理论支撑与实践方向。

强化学习在推荐系统中的应用已初见成效，工业界也不乏成功的案例。强化学习在在线广告、列表式推荐及基于负反馈的推荐系统优化等研究的推荐精准度与用户体验方面均展现出巨大的潜力。

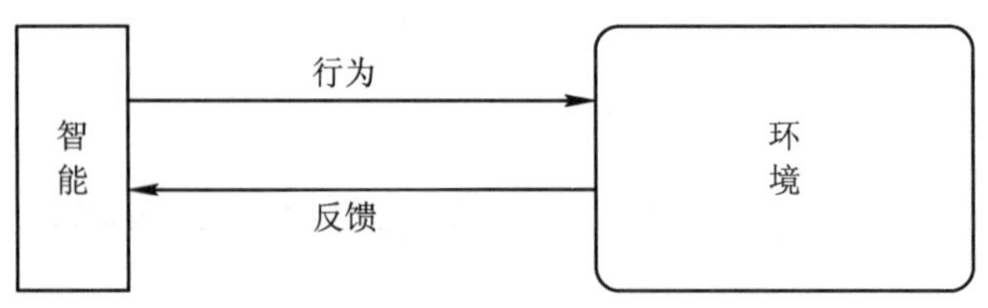

图 11-1 强化学习的范式

随着推荐系统向实时化、个性化方向的持续演进，强化学习以其强大的学习与适应能力，未来必将成为推动推荐技术革新的关键力量。此外，近期兴起的 ChatGPT 所采用的基于人类反馈的强化学习(RLHT)技术，也为推荐系统如何利用人类反馈优化推荐策略提供了新的视角与启示。因此，强化学习在推荐系统领域的应用前景十分广阔，必将带来显著的商业价值与社会效益。

2. 迁移学习在跨域推荐中的应用前景

迁移学习(Transfer Learning，TL)就像是人们日常生活中的“经验借鉴”，即把在一个领域里学到的技能或知识巧妙地应用到另一个看似不同实则有关联的领域中去。比如，你学会了骑自行车，再骑电动车时就会感觉容易很多，这是由于两者都涉及平衡和控制。在推荐系统领域中，迁移学习通过在不同领域间共享知识，以解决推荐系统中的冷启动、数据稀疏等问题。该范式旨在挖掘源域与目标域间的潜在关联，实现知识的有效迁移。在推荐系统中，迁移学习已被尝试应用于社交行为分析、协同过滤、跨域用户建模等多个方面，在提高推荐效果、缩短模型训练周期等方面的潜力巨大。

想象一下，如果一个大型电商平台(比如淘宝)已经积累了海量的用户行为数据，并基于这些数据训练出了高效的推荐算法，那么这些算法背后的“智慧”——如何理解用户偏好，如何预测用户兴趣，就可以被“迁移”到它的其他业务平台(如盒马鲜生)上，进一步提升这些平台的推荐效果。对于那些拥有庞大产品矩阵的大公司，迁移学习就像是它们内部的一座桥梁，让不同产品之间能够共享知识和经验，从而实现整体效能的提升。这就像是同一公司旗下的不同餐厅，虽然菜品不同，但服务理念和顾客管理技巧是可以相互借鉴的。

此外，在大规模产品矩阵或云服务场景下，迁移学习的应用更为自然且广泛。对于云计算服务提供商来说，经常需要为多家同类型的公司提供技术支持，此时迁移学习就变成了一个非常实用的工具，可以帮助云计算服务提供商将一套成熟的算法或解决方案快速部署到多个客户那里，既节省了时间又提高了效率。当然，这一切都是在确保信息安全和隐私保护的前提下进行的，特别是通过联邦学习这样的先进技术，可以在不直接共享数据的情况下实现知识的迁移。

3. 半监督学习缓解标注数据稀缺问题

面对标注数据获取成本高、难度大的现实挑战，半监督学习(Semi-Supervised

Learning)提供了一种有效利用未标注数据的途径。通过结合少量标注数据与大量未标注数据，半监督学习能够在不显著降低模型性能的前提下，显著降低对标注数据的依赖。在推荐系统中，尽管目前企业级应用较少，但半监督学习在视频、音频、评论等非结构化数据处理中的潜力不容忽视，为解决标注数据稀缺问题提供了新的视角。

4. 联邦学习保障隐私保护的推荐

随着用户隐私保护意识的增强和法律法规的完善，如何在保障用户隐私的前提下进行推荐成为亟待解决的问题。联邦学习(Federated Learning，FL)作为一种新兴的机器学习框架，通过允许各参与方在不共享原始数据的情况下协作训练模型，有效解决了隐私保护与数据利用之间的矛盾。在推荐系统中，联邦学习的应用已初见成效，未来有望成为隐私保护推荐的重要发展方向。

5. 新兴技术对推荐系统的融合与革新

随着 Transformer、BERT、GPT 等深度学习技术的兴起，ChatGPT 及大模型等应用展现出强大的语言处理与生成能力。这些新技术如何与推荐系统深度融合，不仅关乎技术层面的创新，而且深刻影响用户与推荐系统的交互方式。例如，ChatGPT 的交互模式能为推荐系统带来更加自然、个性化的用户体验，推动推荐场景下的交互方式革新。

6. 数据处理与工程层面的挑战与机遇

在数据处理及工程实现层面，推荐系统同样面临诸多挑战与机遇。随着数据规模的不断扩大与数据类型的日益丰富，如何高效地处理、存储与分析这些数据成为关键。同时，推荐系统的实时性要求也在不断提升，对算法性能与工程实现提出了更高要求。因此，未来推荐系统的发展还需在数据处理、模型优化、系统架构等方面持续创新，以应对这些挑战并把握新的发展机遇。

11.4.2 推荐系统工程层面的未来展望

基于内容的推荐和协同过滤的推荐系统往往只触及用户与物品数据的一小部分，未能全面整合所有可用信息来优化推荐。这是因为数据量庞大到难以一次性处理，处理过程既昂贵又复杂，并且对推荐算法的性能和扩展性要求极高，使得全面利用数据变得困难。

随着特征工程技术、数据处理能力、计算成本以及算法本身的不断进步，在未来有望解锁更多数据资源，进行更复杂、更深入的模型训练。这意味着可以期待更强大的推荐模型，它们可能是深度学习的深化应用，也可能是多种模型的巧妙融合，甚至像 GPT 这样的大模型。

通信技术的飞跃，特别是 5G 的普及，让数据传输变得更快捷。这意味着人们可以在极短时间内获取并处理大量数据，同时满足用户对即时互动体验的高要求。这种背景下，实时推荐系统应运而生，并展现出巨大的潜力，比如现在非常流行的信息流推荐。实时推荐不仅提升了用户体验，还通过提高信息分发效率为推荐带来了更高的商业价值。

要实现优秀的实时推荐，仅仅依靠算法是不够的，还需要在工程架构和交互方式上进行创新。比如，采用流式处理技术(如 Flink、Spark Streaming)来实时处理用户行为数据，优化推荐模型。此外，一种创新的思路是实现云端与终端的协同工作，如图 11-2 所示。先在云端利用全部数据训练一个复杂的模型，然后将这个模型部署到终端设备上。终端再根据用户的实时交互信息对模型进行微调，使其更加贴合用户的个性化需求。这种方式不仅减少了网络延迟，还提升了推荐的即时性和准确性。

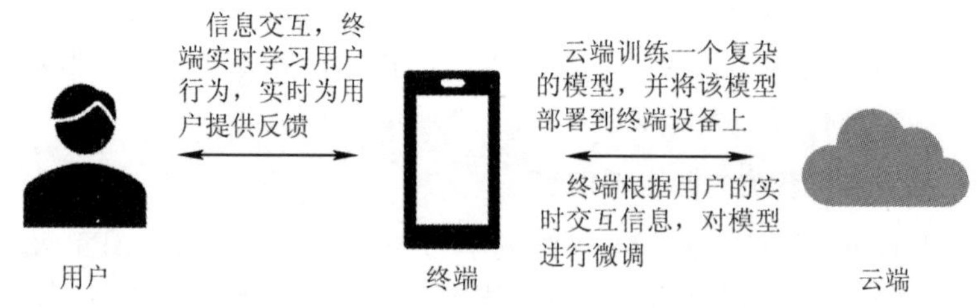

图 11-2 云端与终端的协同工作思路

在交互机制层面，推荐系统正逐步迈向更为自然与流畅的用户体验新境界。当前，移动端所采用的下拉刷新机制已展现出良好的用户接受度，预示着未来在更广泛的应用场景如家庭智能设备、车载系统及虚拟环境中，交互模式或将迎来颠覆性变革。尤为引人注目的是，随着 ChatGPT 等大规模语言模型技术的兴起，语音交互将不再是简单的指令应答，而是能进行深度对话，让推荐更加贴心和智能。

同时，特征工程作为推荐系统构建的核心环节之一，其重要性不言而喻。在当前信息体系中，视频、图片这些富媒体内容的占比日益增加，加之实时推荐对特征处理效率的高要求，使得特征构建成为机器学习算法面临的关键挑战。幸而，深度学习技术以其强大的自动学习能力，有效减轻了人工特征工程的负担。此外，自动化特征工程技术的逐步成熟，也为这一问题的解决提供了新途径，促进了特征提取与处理的智能化与高效化。

从系统架构视角审视，当前推荐系统多采用云端集中式部署模式，即所有用户共享同一套推荐算法。然而，随着边缘计算技术的快速发展，未来有望实现推荐模型在终端设备的直接部署。这一转变将赋予系统为每位用户从零开始构建个性化推荐模型的能力，实现推荐结果的即时生成与反馈。这种转变具有显著的优势：首先，数据传输的延迟减少，推荐的即时性提升；其次，个性化模型的定制确保了推荐结果的高精准度，能更加精准地捕捉用户的每一个细微需求；最后，数据的本地处理增强了系统的隐私保护与安全性。

总之，随着科技的飞速发展，推荐系统将在算法、架构、交互等多个方面迎来翻天覆地的变化。这些变化不仅让人们的生活更加便捷有趣，也为探索未知、创造可能提供了无限的空间。

11.5 人与推荐系统的有效协同

随着以深度学习为核心的第三次人工智能浪潮的兴起，学术界与产业界均迎来了前所未有的发展机遇。机器学习技术的飞速发展，使得其在多个领域的能力已达到甚至超越了人类水平。特别是2022年底ChatGPT的横空出世，预示着第四次人工智能浪潮的到来，进一步加速了通用人工智能(AGI)时代到来的步伐。

然而，在创造性工作与情感交流等领域，机器的局限性依旧显著，短期内难以完全替代人类。构建具备人文关怀的推荐系统，关键在于实现人与机器之间的有效协同，这不仅是当前推荐系统发展的迫切需求，也将是未来长期的主流趋势。推荐系统的全生命周期包括数据预处理、特征工程、模型调优、结果调控、界面优化及效果评估等各个环节，人工的深入参与能够显著提升系统的情感智能、安全性能及可控性。

值得注意的是，当前在大模型研发领域内，OpenAI等领先机构正致力于通过技术手段将大模型的价值观与人类社会的伦理道德体系相契合，旨在为用户提供更加安全、可控的使用体验。这一实践不仅体现了对技术伦理的深刻思考，也为推荐系统中人机协同模式的优化提供了重要参考。

以银行业精细化运营为例，人工调控在推荐流程中扮演着至关重要的角色。在内容选择阶段，通过人工筛选确保推荐内容符合银行App的用户画像与品牌价值；在内容分发环节，则通过人工审核保障内容的质量与安全，满足行业监管的严格要求。这些实践案例充分展示了人机协同在提升推荐系统效能与人文关怀方面的巨大潜力。

然而，当前人机协同在推荐系统中的应用仍处于初级阶段，主要表现为对推荐结果的简单干预。未来，如何深化人机协同机制，充分发挥人类在创造力与情感表达方面的优势，将是推荐系统领域亟待解决的关键问题。这要求我们在技术层面不断创新，同时加强跨学科研究，探索更加智能、高效且富有人文关怀的人机协同模式，以推动推荐系统的持续发展与优化。

11.6 推荐系统多维价值体系的重构与深化

在当前数字化商业环境中，推荐系统作为创造经济价值的关键工具，其商业化应用已趋广泛。然而，这一进程也显露出了推荐系统价值体系中缺失的部分，如用户体验不足，对人文关怀、生态健康和社会正向价值观有所忽视。因此，探索并实践推荐系统多维价值体系的重构与深化，成为其持续发展的重要方向。

随着科技的飞速进步，特别是云计算技术的普及，技术能力的获取门槛显著降低，使得企业间的技术差异逐渐缩小。在此背景下，产品能否吸引用户、能否与用户共情成为企业能否脱颖而出的关键。推荐系统作为与用户紧密互动的产品模块，更应顺应此趋势，不仅需追求商业价值的最大化，还需深刻关注用户体验、情感连接及人文关怀的融入。

具体而言，未来推荐系统的发展应致力于以下 4 个方面的价值深化。

（1）用户体验的极致优化：在保障推荐准确性与效率的基础上，进一步细化用户画像，理解并满足用户的个性化需求，提升推荐内容的贴切度与吸引力，从而增强用户的满意度与忠诚度。

（2）情感连接的强化构建：通过智能化手段捕捉并分析用户情感数据，设计能够触发情感共鸣的推荐策略，使推荐系统成为用户情感寄托的载体，而非单纯的商品推送工具。

（3）人文关怀的深度融合：在推荐内容的选择与呈现上，注重传递正能量，弘扬社会正向价值观，关注用户的精神需求与心理健康，构建健康、和谐的数字生态环境。

（4）平台健康发展的积极推动：推荐系统应成为促进平台健康发展的有力推手，通过合理引导用户行为，促进内容创作者与消费者的良性互动，维护生态平衡与可持续发展。

综上所述，未来能够成功引领推荐系统发展的企业，必然是那些能够深刻理解并践行多维价值体系的企业。这些企业不仅关注推荐系统的商业价值，还将用户体验、情感连接与人文关怀视为不可或缺的核心要素，共同推动推荐系统向更加人性化、智能化、可持续化的方向迈进。

本章小结

本章系统探讨了推荐系统未来发展的趋势与前景。国家战略层面对大数据与人工智能技术的鼎力支持，不仅为推荐系统行业汇聚了丰富的专业人才资源，也加剧了市场竞争的激烈程度。同时，云计算等技术的成熟应用，极大地降低了推荐系统的构建门槛，为初创企业提供了轻量级、高效且成本可控的解决方案，促进了推荐能力的广泛集成与应用。

政策导向与技术进步共同作用于推荐系统行业，催生了对推荐算法商业策略师等新兴职业的需求，强调将算法技术有效转化为产品价值，深化了对业务价值产出的关注。此外，物联网、通信技术、硬件技术及大模型技术的飞速发展，极大地拓宽了推荐系统的应用场景边界，为从业者开辟了全新的探索空间。在这些新兴技术背景下，推荐系统与用户的交互方式正经历深刻变革，语音、手势、视线追踪等新型交互模式的引入，预示着更加自然、直观的用户体验时代的到来。

在算法层面，深度学习在推荐算法领域的卓越表现，预示着未来推荐系统技术创新的无限可能。强化学习、迁移学习、半监督学习、联邦机器学习及大模型技术等新兴范式，有望在未来实现规模化应用，推动推荐系统在训练效率、推理能力及模型泛化能力上全面升级。同时，硬件技术的进步，特别是 GPU 等高性能计算资源的普及，将进一步加速推荐系统的实时化与个性化进程，甚至可能实现为每个用户量身定制的个性化推荐引擎，极大地提升用户体验的精准度与满意度。

值得注意的是，推荐系统的发展不应仅局限于对商业价值的追求，而应更加注重用户体验的优化、人文关怀的融入、生态繁荣的促进以及正向价值观的弘扬。这些维度的价值提升，将成为推荐系统未来竞争力的核心所在。因此，人与机器的协同发展显得尤为重要，只有为推荐系统注入更多的人类情感与智慧，方能推动整个行业迈向更加繁荣与可持续发展的道路。

本章参考文献

[1] 刘强. 推荐系统：算法、案例与大模型[M]. 北京：人民邮电出版社，2024：294-331.

[2] PAN W，XIANG E W，YANG Q. Transfer learning in collaborative filtering with uncertain ratings [C]//National Conference on Artificial Intelligence. AAAI Press，2012.

[3] HUANG Y Y，LIN S D. Transferring user interests across websites with unstructured text for cold-start recommendation [C]//Proceedings of the 2016 Conference on Empirical Methods in Natural Language Processing. Austin，Texas，USA，2016：805-814.

[4] ELKAHKY A M，SONG Y，HE X. A multi-view deep learning approach for cross domain user modeling in recommendation systems [C]//Proceeding of the 24th International Conferences on World Wide Web. ACM，2015：278-288.

[5] ZHAO X，GU C，ZHANG H， et al. Deep reinforcement learning for online advertising in recommender systems[J/OL]. arXiv，1909. 03602：2019. https://arXiv. org/abs/1909. 03602.

[6] CHEN M，BEUTEL A，COVINGTON P，et al. Top-K off-policy correction for a reinforce recommender system [C]//Proceedings of the 12th ACM International Conference on Web Search and Data Mining. ACM，2019：456-464.

[7] SUTTON R，BARTO A. Reinforcement learning：An introduction[J]. Robotica，1999，17(2)：229-235.